NF文庫
ノンフィクション

不滅の戦闘機 疾風

日本陸軍の最強戦闘機物語

鈴木五郎

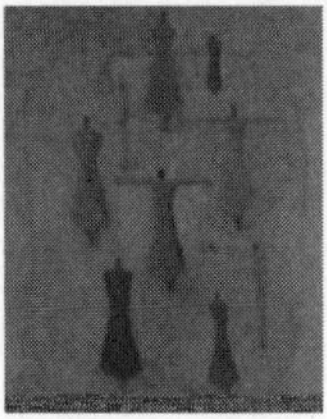

潮書房光人社

陸軍航空審査部で実用テストをうける第１次増加試作中のキ84(疾風)。
見開き１は昭和19年10月、埼玉県の所沢飛行場で報道関係者に初公開された飛行第73戦隊のキ84。フィリピン方面に派遣される直前のものである。見開き２は福生飛行場における第１次増加試作機のうちの１機。

陸軍四式戦闘機「疾風」解剖図

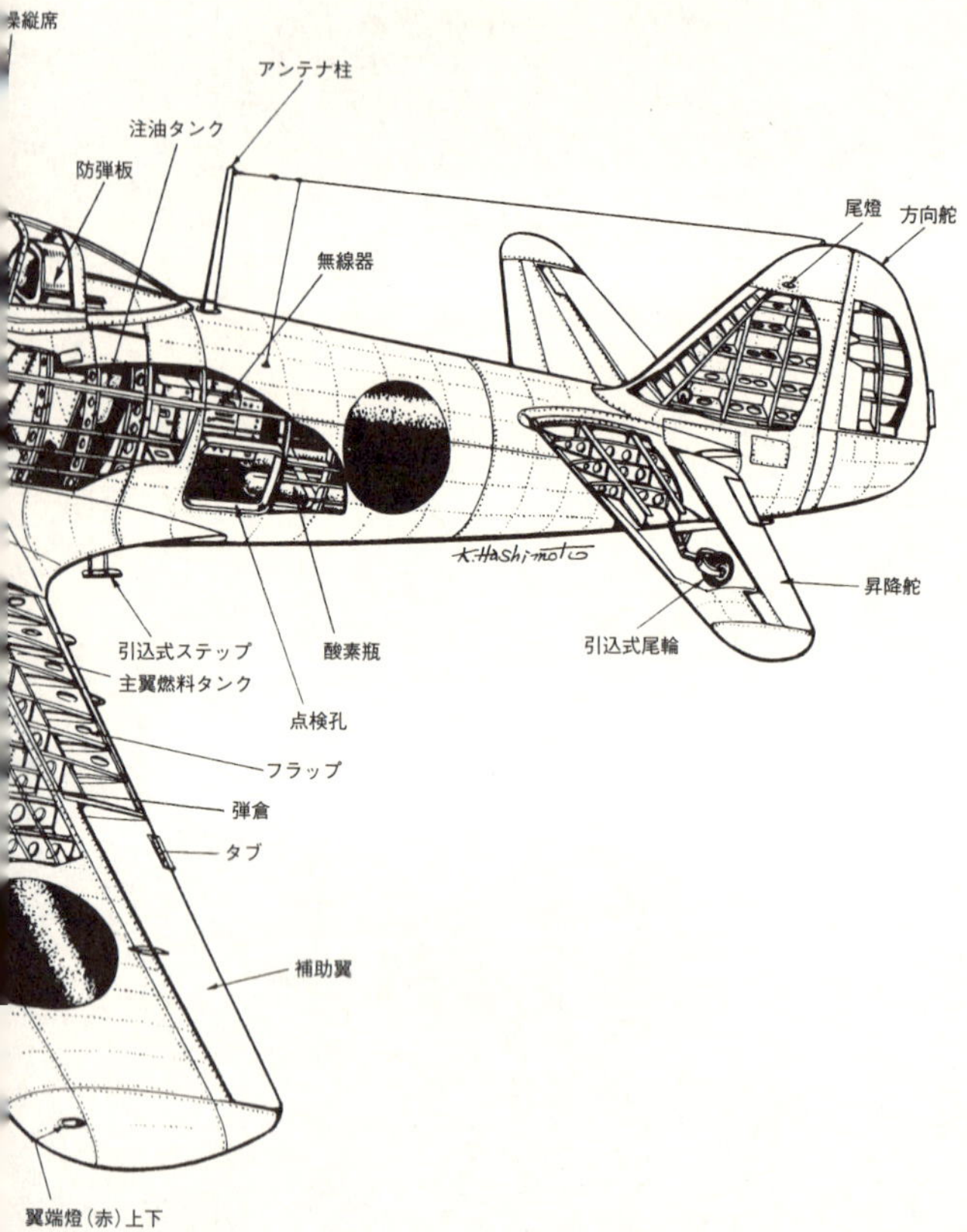

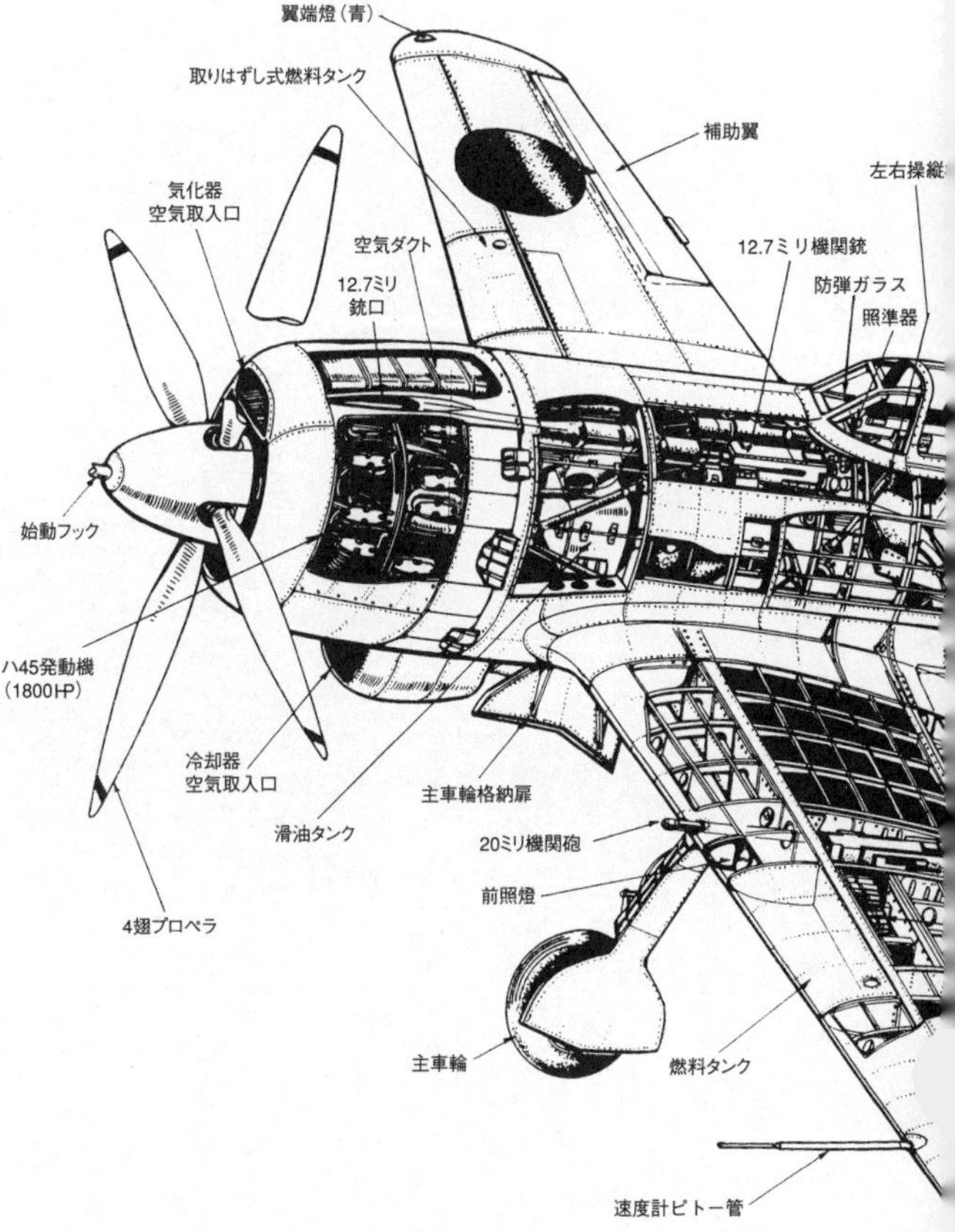
翼端燈(青)
取りはずし式燃料タンク
補助翼
左右操縦
気化器
空気取入口
空気ダクト
12.7ミリ機関銃
12.7ミリ
銃口
防弾ガラス
照準器
始動フック
ハ45発動機
(1800HP)
冷却器
空気取入口
主車輪格納扉
滑油タンク
20ミリ機関砲
前照燈
4翅プロペラ
主車輪
燃料タンク
速度計ピトー管

はじめに「疾風」は生きている

今川一策
（元陸軍航空審査部長・陸軍少将）

八十路《やそじ》を越した現在でも、私は航空本部技術部の飛行班長（昭和七年以降）、ついで飛行実験部（のちに航空審査部）の部長時代のことを、鮮やかに思い起こすことができる。それこそ、そうそうたる陸軍のテスト・パイロットが、試作の戦闘機、偵察機、爆撃機をそれぞれ担当して次期制式機の育成にうちこみ、切磋琢磨していたからだ。

陸軍初の戦闘機コンペチションで、中島NC機が採用され九一式戦闘機となったとき、そのテストを手がけた加藤敏雄（のち少将）は、風洞実験すらないときに、飛んでみては修正することをくり返し、尾翼だけでも図面が二、三〇〇枚になったという苦労を重ねていた。

当時、中島知久平氏および大和田繁次郎、小山悌《やすし》両技師が、NCをなんとかものにせんものと心血を注いでいた姿が懐かしく思い出される。

つづいて川崎の九二、九五両戦闘機を秋田熊雄（のち大佐）が手がけ、九五（キ10）の場合は立川上空で、私の見ている前で火をふいて墜落したが、みごと落下傘降下して助かっている。同じころ、偵察を担当していたのは藤田雄藏（戦死・中佐）で、快速の司令部偵察機発案と航空研究所長距離機（世界周回距離記録樹立）で有名であるし、軽爆の甘粕三郎（のち大佐）は、甘粕事件の甘粕正彦大尉の実弟であった。

飛行班の連中は、みな血気盛んで酒も飲むし奇行も多かったが、飛行機の虫で勉強家だった。設計者、技術者と絶えず議論し、徹底的にやり合った。テストの方法を確立するために、理論の勉強もすれば技術面の研究もしなければならない。

さらに基礎実験、地上試験の不満足を、実際に飛んでみて補わなければならぬ。こうしてテスト・パイロットと技術屋との呼吸が合ったところで軍用機の審査は成功する。

昭和十年末、航空本部から航空技術研究所が独立したのを機に、私は欧米の航空事情視察を命ぜられ、ドイツ、フランス、イタリア、そしてアメリカを八ヵ月間にわたって見て回った。空軍、飛行学校、飛行機工場など見学して痛切に感じたことは、各国の新型機に対するテストが組織的に行なわれていて、一貫した審査を実施できる点であった。

日本ならば、飛行班で実験を終えると、戦闘機なら明野へ、爆撃機なら浜松へ、偵察機なら下志津へ回して三ヵ月ほどの実施テストを続け、その結果をみて採用、不採用を決めるのであるが、これだとせっかく伸びる機種を〝ツノを矯《た》めて牛を殺す〟仕儀になりかねない。いや実際にそういうことが間々あった。

これではいけないと、私は独立した審査機関の設置を、帰国報告書に特筆大書しておいた。このころ、中島の意欲的戦闘機キ11はキ27に発展し、有名な九七式戦闘機となっていたが、これを手がけたのは横山八男（戦死・中佐）である。そのうち北方に急を告げ、私は新設の第59戦隊長を命ぜられて東満州の延吉におもむいた。

ところが張鼓峰事件（昭和十三年七月、満・鮮・ソ国境の交差地点にある張鼓峰付近で、国境問題をめぐって起こった日ソ両軍の衝突）も落着したので中支作戦に転じ、さらにノモンハン事件に九七戦で参ずるなどするうちに、十四年十一月、報告書に上申どおりの飛行実験部を設けたからということで呼び戻され、隊長にされたのである。

この新しい飛行実験部開設から太平洋戦争開始までの二年間は、テスト・パイロットの陣容と設備がいちばんそろっていたときで、みな新設の福生《ふっさ》飛行場で思い切り仕事に励めた時代だった。そして最初に手がけたのが、本書にも書いてあるようにキ43（一式戦「隼」）の審査し直しで、ほとんど不採用となっていたものを山本五郎（のち中佐）、石川正（のち中佐）らの尽力で復活させたのである。まずは実験部としての初手柄といっていい。

しかし総合的な実験部（隊長は部長と改称された）となったため、制式機ができると、その説明書や取扱書を書かねばならなくなった。実施部隊ですぐ実用化されるには、その飛行機をものにしたテスト・パイロット自身が書くべきだというのだ。昼間、飛ぶことと技術者との折衝でくたくたになった体を、夜はデスクに向かってノートするというのは苦しかったろうが、みなよくやってくれた。

重戦キ44（二式戦「鍾馗」）は、荒蒔義次（のち中佐）坂川敏雄（戦死・中佐）らが、軽戦になれたパイロットを説得しながらよく育てた。坂川はその後、独立飛行第47中隊長となり、このキ44九機よりなる「かわせみ部隊」を率いて活躍している。この中には若手の神保進、黒江保彦がいた。

国産メッサーシュミットといわれたキ61（三式戦「飛燕」）は、いい戦闘機だったが液冷エンジン（DB601の国産化）で手を焼き、木村清（戦死・少佐）もたいへんだった。そのうち私は昭和十六年十二月、第85、87両戦隊を合わせた第13飛行団長となり、満州の海浪飛行場へ進出したが、十八年三月に大佐となってまた審査部長（飛行実験部は十七年十月、航空審査部に改編）の席にもどった。

キ84（四式戦「疾風」）の試作第一号機が、福生に回されてきたのはまさにこのときで、操縦席に座ったとたん、私は「これはいける！」と直感した。テストを始めるとき、この第一印象は大切であるし、またあまり狂ったことはない。いささか一目ぼれの感じではあったが、南方で押されはじめた陸軍の〝期待する頼もしい戦闘機〟になるに違いないと思った。甲四いらい九一戦、九七戦、一式戦、二式単戦と、中島の戦闘機の伝統から生まれたこの四式戦に、極限の美を感じたといってよいかもしれない。

この機体に岩橋譲三（戦死・少佐）、神保進（戦死・少佐）、黒江保彦（戦後事故死・少佐）、伊藤高雄（のち大尉）らがかかり、増加試作を重ねながら量産態勢に進めていった。こうしてまだ審査中、中国戦線からP51対抗用として四式戦投入の要請があり、岩橋を隊長として相模原で第22戦隊の錬成を行なわせた。これについては本書にくわしく載っているのでふれないが、彼を西安攻撃で失ったのはきわめて残念だった。

テスト・パイロットというのは、ベテランになると、きのうはフランスから買った飛行機、きょうは捕獲したソ連の飛行機、あすはアメリカのをといったぐあいに、どんな機種でも乗りこなせるようになるのだが、こうしたパイロットは一朝一夕につくれるものではない。軍人として戦場に倒れるのは本望である。しかし岩橋のように優秀なテスト・パイロットを失っては、あとの軍用機の審査に大きな支障をきたし、戦局にも大きく響く。

P51を引っ込ませた四式戦岩橋隊が、あちらこちらから引っぱりだこになって酷使され、ついに犠牲となったところにも、戦運から見離された日本の悲劇があったと思う。

同じく四式戦で、P51撃墜に活躍した第85戦隊第2中隊長の若松幸禧《ゆきよし》（戦死・中佐）も、私の第13飛行団に属していたのでよく覚えているが、まことに惜しいパイロットであった。いつまでも戦場に留まらせるという日本の貧しい事情、システムが、ベテランをつぎつぎに失い、戦力の消耗を早めたといえよう。

四式戦はB29に対して、それまで一撃しかかけられなかったのを二撃あるいは三撃かけられるほど優れていた。しかしフィリピン、沖縄の戦闘ではパイロットの練度不足と故障続発で、大きな活躍はできなかった。出現のタイミングの悪さが、その真価を弱めてしまったのである。とはいえあの時機に、中島がよくあれだけの重戦を、三五〇〇機もそろえたものと感心せざるをえない。

アメリカが日本最優秀の戦闘機とほめているのは当然のことであり、私たちは一目見て、一度乗っただけでそう感じとっていた。小山悌技師以下のスタッフが、精魂傾けてつくりあげた結晶だからこそ、世界最優秀戦闘機の一つたり得たのだ。

四式戦「疾風」は、いまなお生きているのである。

（なお今川氏は昭和五十年十二月二十六日に逝去された）

不滅の戦闘機 疾風——目次

不滅の戦闘機 疾風

日本陸軍の最強戦闘機物語

1　P51を手玉にとった戦闘機

太平洋戦争末期、対日反攻作戦の一翼をにない、中国の中、南部で活動していたアメリカの義勇航空隊、いわゆる〝フライング・タイガーズ〟（正式には、米第14航空軍、司令官クレア・シェンノート）は、一九四四年（昭和十九年）八月末、大きな衝撃《ショック》に見舞われた。

それまで一式「隼」を主力とする日本軍戦闘機に対し、カーチスP40では格闘戦にはいらなければ互角、ノースアメリカンP51なら虚をつかれない限り優位を占めていたのに、P40はもちろん、P51でさえ、やすやすと撃墜してしまう強力な新戦闘機が、突如として出現したからである。

猛威をふるう日本の〝怪鳥〟

「いったいあれはなんだ。まるで『サンダーボルト』（P47戦闘機のこと）みたいじゃないか」

クレア・シェンノート司令官

「こっちのタマは確実にコックピット（操縦席）に命中していたんだが、墜《お》ちなかったぞ。これまでの日本機にはないことだ」

「ゼロ（「零戦」）はもちろん、『キティホーク』（P40E）よりずっと速い。火力もすごくて、タマを避けるのに精いっぱいだったよ」

「ジョーもかわいそうに、エルロン（補助翼）を吹っ飛ばされて空中分解してしまった」

〝フライング・タイガーズ〟のパイロットたちは、口々に新しい強敵に対する恐怖を語り合うのだった。

それは、日本の第11軍が桂林、柳州基地を攻撃するとの情報で、米第14航空軍も、八月二十九日、戦爆連合（B24二四機、P40EとP51C二〇機、P38二機）により岳州方面を襲撃したところ、思いがけぬ新戦闘機の迎撃にあい、P40三機、P51一機を撃墜され、P40四機、P51一機、B24四機を撃破されたという事実であったが（日本側は二機失っただけ）、つづいて三十日も帰義上空でP51三機、九月十二日、易俗河南方でP40三機を墜とされるといったように、日本の〝怪鳥〟に猛威をふるわれて〝フライング・タイガーズ〟は士気を失い、B24（四発）、B25（双発）爆撃機の掩護も満足にできない状態となった。

恐怖心は疑心暗鬼を生む。数日前、衡陽にいたかと思えば、きのうは漢口上空に、そして

きょうは新郷（中国北部）上空にと、かなりの広範囲に出没する新型機の群れを見て、米第14航空軍は、

「相当数の日本新戦闘機が中国戦線に出動してきている。おそらく、数個戦隊（約一五〇機）に達するであろう」

と判断した。そして、成都から発進するB29もいずれその攻撃にさらされると考えて、ノースアメリカンP51C型の総合性能を上げたD型の投入を要請することにした。

七月上旬、サイパン島を奪取して日本攻略の態勢成ったアメリカが、一時的にせよ大いにキモを冷やした出来事である。

出撃準備中の〝フライング・タイガーズ〟の隊員

精鋭岩橋戦隊中国へ向かう

この新型戦闘機は、キ84、四式戦闘機といい、陸軍が頽勢挽回を期して中国戦線の空に送り出した重戦で、中島飛行機の一大傑作であった。

一式「隼」はすでに衰え、二式「鍾馗」も短所が目立ち、川崎の三式「飛燕」もまたエンジントラブルが多かった。

それにひきかえ、B29を掩護するP51C「ムスタング」の

米第14航空軍〝フライング・タイガーズ〟のカーチスP40

抜群な性能にほとほと手を焼いた中国派遣第5航空軍（司令官・下山琢磨《たくま》中将、二五期、昭和十九年八月中旬現在で戦闘機八二機、その他計一〇四機、計一八六機）は、これに対抗できる新鋭のキ84を大至急送るように要請していた。

それはすでに五月下旬の、同航空軍参謀長橋本秀信少将の報告にも見られるが、重慶空軍もまじえた米第14航空軍が七月から中国中部、南部に加えてきた攻撃で、その声はいっそう大きくなった。ついに派遣軍は七月末、衡陽攻撃の「ト号」作戦計画修正を大本営に要望した結果、

「『ト号』作戦協力及び奥地進攻作戦のため、戦闘二個戦隊（四式戦）、重爆一個戦隊を約一ヵ月間、派遣軍に増強することを研究中である」

という内諾を得たのである。そしてさらに八月初旬、有沼源一郎参謀（少佐、四三期）の現地、航空戦況視察となり、その報告にもとづいて、大本営は、新鋭の第22戦隊（四式戦）、第29戦隊（二式単戦）、第60戦隊（九七重爆）の戦爆戦力を中国に送り込んだのであった。

四式戦の試作一号機が完成したのは昭和十八年（一九四三年）

三月、初飛行したのは四月で、航空審査部の岩橋譲三少佐（四五期）らによりテストを受けていたが、戦局の急迫によって翌年三月、増加試作機を動員しての飛行第22戦隊（三個中隊）が福生で編成された。増加試作はこの時点で約八〇機であったが、三月にはさらに二四機、四月に一六機、五、六月に各一機（制式生産に移行したため）とふえ、テストを兼ね、水戸と相模原飛行場で猛訓練を行なった。

ノースアメリカンP51Dムスタング

初代の戦隊長には、テストを手がけていた岩橋少佐がそのまま任命され、パイロットには実戦経験者、優秀技量者をそろえていた。しかし、もともとこの戦隊は、フィリピンを戦場とする「捷《しょう》号」作戦に備えて第2飛行団に編入されていたのだが、さきに述べたとおり中国派遣軍の四式戦を求める矢のような催促によって、大本営も同戦隊の比島進出に先立つ一時的中国転用をはかったものであった。

はじめ二個戦隊約六〇機を当てる予定だったが、準備がととのわず一個戦隊四一機に絞って八月二十一日、相模原を出発し、太刀《たち》洗《あらい》を経由して同日、まず二八機が大場鎮に進出した。そして二十四日には、常時出動可能三

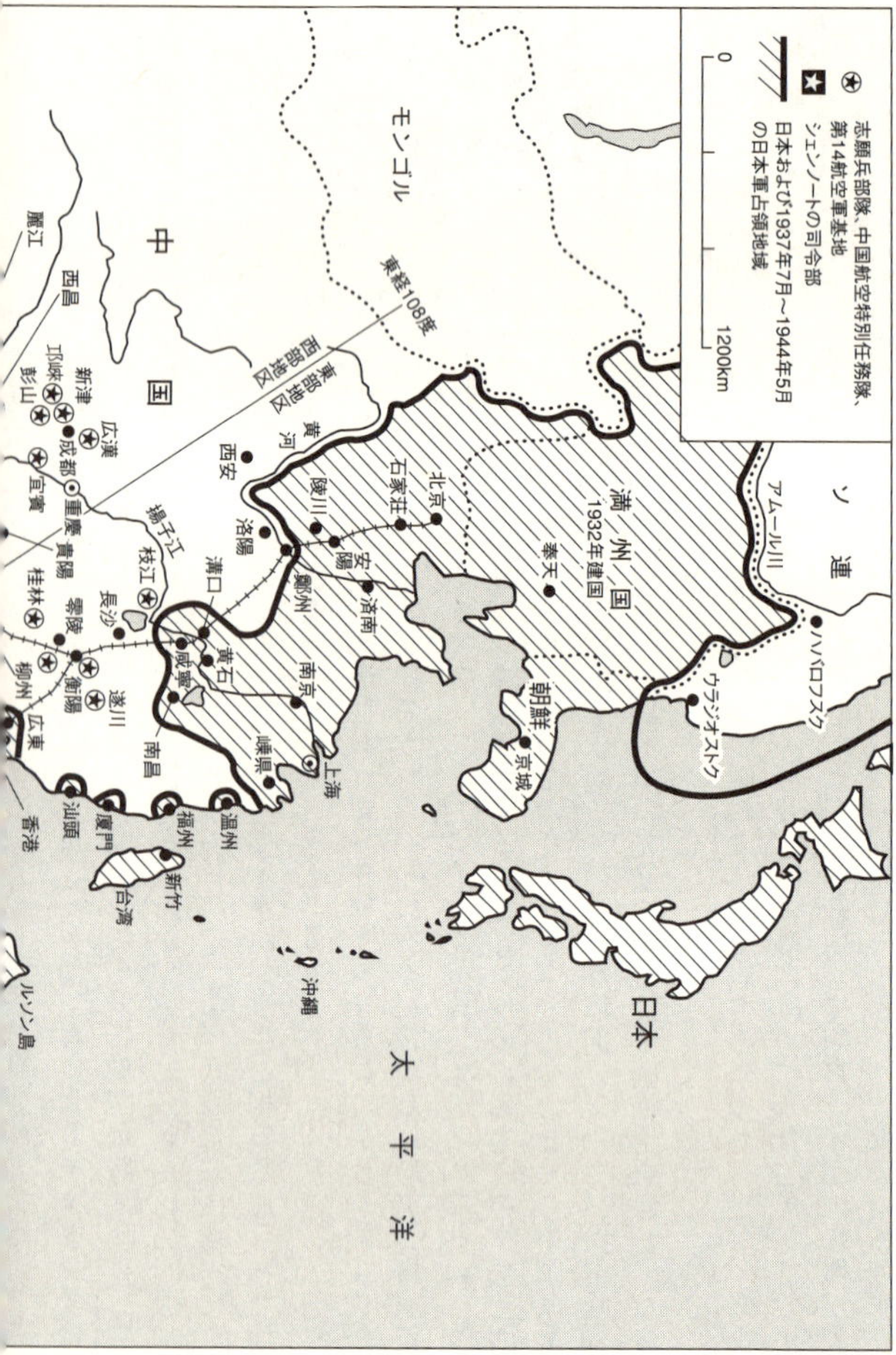
志願兵部隊、中国航空特別任務隊、第14航空軍基地
シェンノートの司令部
日本および1937年7月〜1944年5月の日本軍占領地域
0
1200km
ソ連
モンゴル
中国
満州国
1932年建国
アムール川
ハバロフスク
ウラジオストク
奉天
朝鮮
京城
日本
太平洋
沖縄
台湾
新竹
ルソン島
北京
石家荘
陵川
安陽
鄭州
済南
南京
上海
嵊県
温州
福州
厦門
汕頭
香港
広東
柳州
桂林
衡陽
遂川
南昌
零陵
長沙
黄石
咸寧
漢口
洛陽
西安
黄河
揚子江
枝江
貴陽
重慶
宜賓
成都
広漢
新津
邛峡
彭山
西昌
麗江
東経108度
東部地区
西部地区

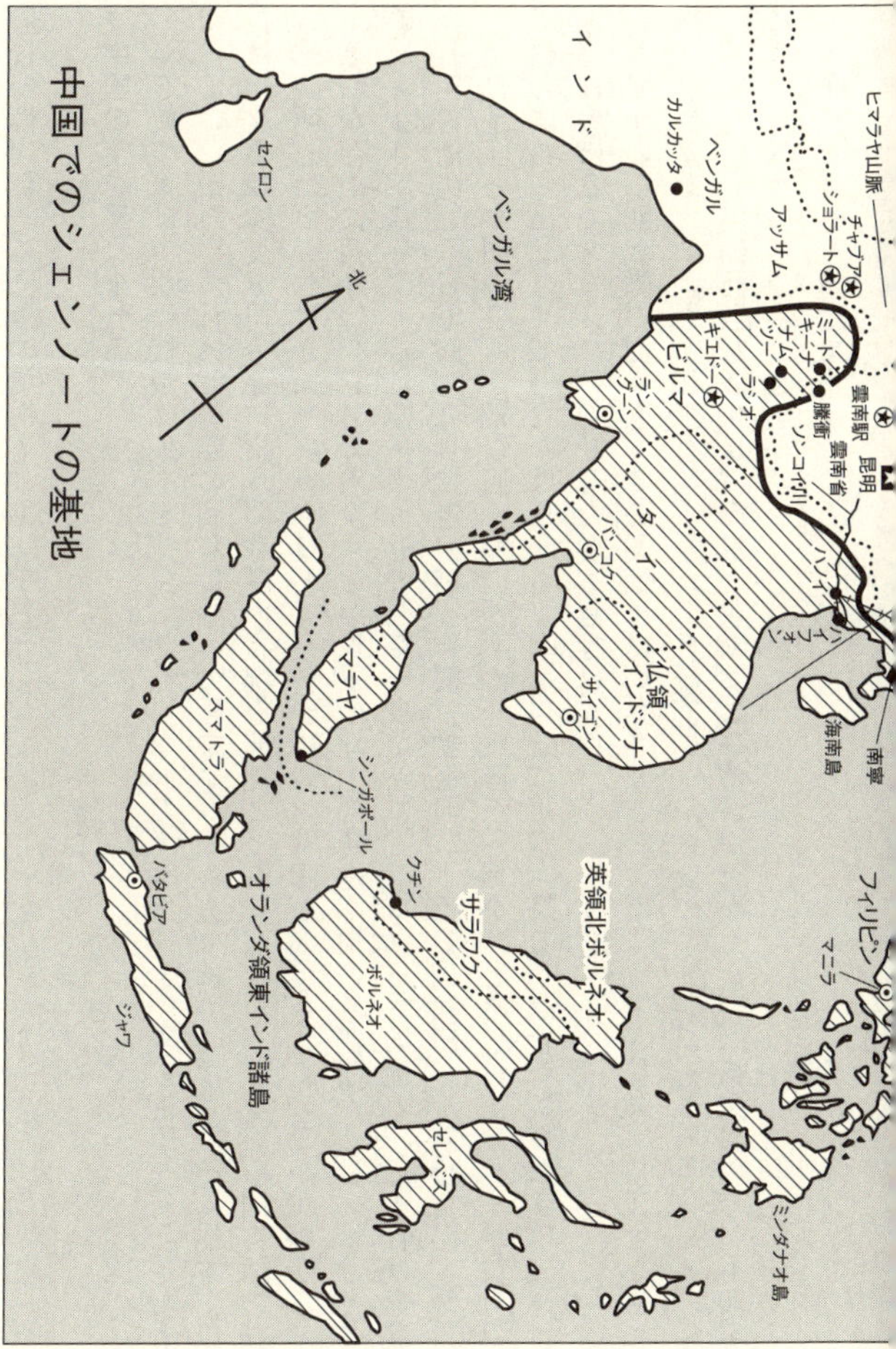

中国でのジェンノートの基地

〇機を漢口にそろえたのである（第1飛行団所属）。

中国の空を暴れまわる

第5航空軍は少ない機数で地上軍掩護、活発になった米戦爆連合空軍の迎撃を行ない疲れ切っていたから、飛行第22戦隊の到着は慈みの雨のような存在であった。さっそく橋本参謀長は、岩橋戦隊長を司令部に招き同戦隊の状況を聞くとともに、ただならない中国方面の動きを説明した。これはかなり異例のことで、いかに岩橋戦隊が渇望されていたかがわかる。

それがために同隊は、P51の出没する第11軍の地上部隊や、他の航空団からひっぱりだこの形となり、八月二十八日の岳州付近の迎撃を皮切りに、二十九日も同地方、三十日は帰義、九月四日衡陽、六日零陵、九日に老河口、新郷、易俗河、十三日老河口、十四日衡陽、全県、十七日芷江と中国の各所を飛び回った。わずか一戦隊三〇機を、ときには二手、三手に分けてあちこちに出動させていたわけだから、米第14航空軍が「恐るべき新戦闘機による戦隊は数個にのぼるであろう」と判断したのも無理はない。

さすがの第22戦隊の面々も、この酷使にはいささかまいったようで、桂林、柳州とともに敵の有力基地であった芷江飛行場攻撃（これは失敗した）のあと、岩橋戦隊長は司令部に、「あまりにも出動回数が多すぎ、満足な攻撃および整備が行なえない。搭乗員の疲労も限界にきている」

と苦情を述べたほどであった。

しかし第5航空軍としては、そのころ敵の西安飛行場に輸送機がさかんに往復し、P51戦闘機も一六機進出（九月十九日）しているのを知ると、

「B29も近々進出してくるであろう。それと同時にたたかなくては……」

と考え、戦闘隊による攻撃はやはりベテランの岩橋戦隊にやってもらうしかない、と決めていたのだ。

西安の空に消えた戦隊長機

それで翌二十日、早くもB29西安入りの情報をつかむとすかさず、

「飛行第22戦隊は第8飛行団長（青木喬《たかし》少将、漢口）の指揮下に入り、西安飛行場の攻撃を行なうこと」

という命令を下した。皮肉にもこの昭和十九年九月二十日、中央から、「第22戦隊は、九月末までに内地に帰還して『捷号』作戦にそなえるよう」内命もきたのであるが、岩橋戦隊長は直ちに第8飛行団におもむいて、指揮を受けることにした。

八月、内地を出発するとき航空審査部長・今川一策少将（二八期）との間に、

「フィリピンでひと暴れしてほしいところを、5航の

初代飛行実験部長・今川一策少将

飛行第22戦隊長・岩橋譲三中佐

たっての要望で、中国に回ってもらうわけだが、その期限は約一ヵ月だけといっておいた。おまえのような優秀なテスト・パイロットを戦場で失っては、国家の大損失になるからな」

「はい、しかし、成都付近にはP51が出現していますから、そう簡単にはいきますまい。四式戦のテストの結果を最大限に発揮させてやってみます」

「もちろん、軍人が戦闘で死ぬのは本望なことだが、おまえは審査部主任なのだから死んではならんのだ。本当はフィリピンにもまだ行かせたくないが、四式戦の実戦テストも兼ねているので許可した。自重してくれ」

「ありがとうございます。無理せぬようがんばります」

というやりとりがあったのだが、やはり戦場にきてみればそうはいかなかった。P51に対抗できる先兵として、あちこちと引っ張り回され、ついに、四式戦でも重武装のため限度いっぱいの距離（片道約六〇〇キロ）への進攻を強《し》いられようとしている。

しかし、彼のはげしい気性と、長い戦闘機パイロット魂は、ここで後へひくことを許さなかった。青木第8飛行団長は、

「二十日夜、飛行第60戦隊の重爆に西安飛行場の拘束爆撃を、二十一日払暁、飛行第22戦隊

の選抜機に同飛行場襲撃を命ず」

と伝えた。岩橋少佐は熟慮の末、斉藤大尉、古郡《ふるごおり》准尉、久家《くが》准尉の三人を選抜すると、二十一日払暁、新郷飛行場（漢口の北約六〇〇キロ）を発進した。

ところが斉藤、古郡両機はエンジン不調と離陸失敗で中止し、結局、岩橋、久家両機のみが西安奇襲攻撃に回ったのである。

前夜の重爆隊の拘束爆撃が失敗に帰していたので、敵の迎撃力は十分とみて、わずか二機では火中に栗を拾う類いと、彼は死を覚悟していたにちがいない。

西安飛行場に到達すると、スクランブルで離陸してきたP47を一連射でたちまち撃墜し、さらに超低空で敵機を銃撃していった。そのときまた離陸したP47がアッという間もなく岩橋機と接触し、ともに地上に激突、炎上してしまった。これは上空警戒の任をうけ、かろうじて帰還した久家准尉の報告である。

〝赤鼻のエース〟闘志を燃やす

こうして中国派遣第5航空軍に大きな活を与え、米第14航空軍〝フライング・タイガーズ〟を恐れおののかせた飛行第22戦隊は、戦隊長が戦死したほか約一〇機を消耗し、残った約二〇機の四式戦も第25戦隊にゆずって、十月初め六柱の遺骨とともに内地へ引き揚げ、「捷号」作戦に備えた。だが一方で、四式戦の他戦隊への供与もわずかながら行なわれた。

中でも昭和十六年（一九四一年）三月に満州の八面通で編成され、関東軍戦闘隊の精鋭としてうたわれたのち、十八年七月から中国戦線へ進出した飛行第85戦隊（第2飛行団所属・広東）には、十九年九月末、九機が引き渡されている。

このとき第2中隊長の若松幸禧大尉は、七月から四式戦の伝習教育を受けていた根岸中尉、野村曹長と漢口で合流し、同機に搭乗して九月二十二日、衡陽を経て広東基地に帰ったのである。二単（二式には複戦があったのでそれと区別して二単といった）「鍾馗」で大きな戦果をあげていた若松大尉は、それにまさる四式戦を手のうちに入れ、絶大な自信をもった。

「スピード、上昇力、旋回性、みな二単（鍾馗）よりいいぞ。それにアシ（航続距離）だってずっと長いし……」

「ほう、すべてにまさっているのか。それならP51も問題ではなくなるね」

「無線機もすっかり改良された。編隊指揮はもちろん、基地との連絡も十分にとれる」

「しかし数がどんどん補充されるかな」

「うむ、やってみろかい」（若松大尉の鹿児島弁）

第3中隊長・中村守男大尉と話がはずむのも無理はない。彼は第22戦隊がくる一年も前から敵方に、〝赤鼻のエース〟あるいは〝赤ダルマ隊長〟として恐れられていたが、このところようやく二単「鍾馗」の性能に限界を感じていたので、それに大きくまさる四式戦を持ったことに、心強さと満々たる闘志を燃やしたのである。

一撃離脱戦法を完全に会得

昭和十七年一月、第85戦隊の第2中隊長となった若松は同年八月、大尉に進級、十八年六月から中国戦線広東に転進していたが、七月二十四日の衡陽進攻で「鍾馗」による初戦果をあげた。第8飛行団の第58、25、33の各戦隊とともに漢口から発進し、衡陽付近でP40多数と遭遇、彼自身が二機を撃墜したもので、「鍾馗」による一撃離脱戦法を完全に会得している若松大尉の勝利であった。

飛行第85戦隊第2中隊の隊員(広東基地)。前列中央が若松大尉

つづいて八月二十日、戦闘機による桂林飛行場進攻で、広東から出撃した若松隊はP40と交戦、また若松機二機撃墜が加えられた。あけて昭和十九年二月十一日、香港上空を哨戒中の若松隊は敵戦爆連合の大編隊に遭遇、P40二機を撃墜（不確実一機）したが、列機が中隊長（若松）機の掩護に終始したため、せっかく大編隊をとらえながら攻撃の矛先が中隊長機一本にしぼられたことを、彼は残念に思った。

その翌日、第12飛行団の南雄、遂川攻撃に参加し、遂川上空で猛烈な空中戦を展開したが、第85戦隊は紺井中尉以下五機の未帰還機を出してしまった。

若松中隊長はこの日の日記に、つぎのように記している。

予定攻撃時刻に高度五〇〇〇で遂川上空に進入した第85戦隊は、在空中のP40五機を攻撃した。自分は戦隊長編隊の後方をうかがう敵機を追及撃墜したが、深追いのため低空に下り、部隊主力と離隔した。主力の戦闘圏に復帰せんと上昇中、P40の攻撃を受け、燃料タンクを破損し基地に帰還した。基地にはだれも帰りあらず燃料尽きるころ前後して二機帰り、次いで戦隊長機が黄浦江付近に不時着しあること判明した。あとの五機、百方手を尽して捜索したがついに帰らなかった。

未帰還五機、戦隊長の斉藤藤吾少佐（四五期）が燃料尽きて黄浦江岸に不時着負傷、他の一機も不時着という打撃を受けた。戦隊の可動機わずか四機となってしまったので、一時、進攻作戦を中止し、漢口にあった第1中隊を呼び戻して戦力の回復をはかった。

また、二単「鍾馗」のエンジン故障も続発しており、気筒《シリンダー》、曲軸《クランク》の焼付、二速与圧装置の不良で悩まされたこと、および航続力の短いことも第85戦隊の機種改変を急がせる理由の一つになったのである。

首には賞金さえかけられる

若松大尉がなぜ〝赤鼻のエース〟あるいは〝赤ダルマ隊長〟と呼ばれたかというと、二単

「鍾馗」のスピンナー・キャップ（プロペラ中心の整流キャップ）と垂直尾翼を真っ赤に塗って、つねに先頭に立って遠距離から正確な一連射を加え、P40を抜く手も見せぬ早業で仕留めていたからで、歴戦の〝フライング・タイガーズ〟もただ恐れるばかりだった。

彼の機影を見ると、B25、B24を掩護してやってきたP40のパイロットたちは、われ先に高度をとるか退避してしまうため、ハダカの爆撃を行なわなければならなかった。実際にはB24の対戦火網はものすごく、一式「隼」などは容易に近づけなかったのだが、それでも敵の爆撃を不正確なものにしてしまう効果は大きかったのである。

ついに重慶政府は、

「〝赤鼻のエース〟をうちとった者に二万元を与える」

と賞金をかけた。もちろん、相手は〝フライング・タイガーズ〟の面々である。しかし、なかなか撃墜できないと知ると、

「〝赤ダルマ隊長〟の首に五万元をかけよう」

と増額した。なにか西部劇のおたずね者のようなスタイルだが、当時の中国戦線に参加していたアメリカのパイロットの中には、一種の賞金かせぎのような者もいたので、こうした布令が出されたのであろう。

しかし、それほど若松大尉の技量はすぐれていたわけで、アメリカの得意とする一撃離脱戦法のお株を完全に奪った小気味よい日本のエースであった。

四式戦でP51もつぎつぎ仕留む

さて四式戦を受領して、第85戦隊若松隊（第2中隊）の意気はますます上がった。十九年十月四日、午前八時三十分より午後五時三十分の間、八回にわたって梧州から西進する日本の遡江船団を攻撃してきたP40、P51延べ三二機に対し、P51を五機撃墜、二機撃破したのである。若松大尉の当日の日記を引用しよう。

○八一五（午前八時十五分）、四式戦四、二式戦四を引きつれ、梧州付近の哨戒に赴く。太陽を背に、快適なる索敵行なり。梧州上空にて下方にP51一機を発見……第一撃にてP51瞬時に火を吹く……。続いて左に発見せる敵機に一撃、火と水を吹かせ一挙に二機撃墜す。……大久保一機を追いかけ発火せしめ、石川軍曹も二式にて攻撃、敵を落下傘降下せしむ。……発見敵機を全部撃墜す……。

我が方被弾機一機もなく、赤子の手をねじるがごとし。友軍の頭上眼前に敵を圧倒撃滅せしは嬉し。

P51五機撃墜のうち、若松大尉が二機、大久保操軍曹（少飛七期）が二機と計四機を四式戦でやったわけで、その高性能には若松大尉自身がびっくりした。ハ45・二〇〇〇馬力エンジンの手ごたえはすばらしく、実戦によって速力、ダッシュ力、火力ともP51にまさるとも劣らないことを実証したのであった。

第22戦隊の岩橋チームによって米第14航空軍〝フライング・タイガーズ〟に、その存在を知らしめた四式戦闘機は、第85戦隊の若松チームに引き継がれてさらに威力を発揮していった。十月六日、同十五日、十六日、十七日と広東付近に来襲したB24、P51、P40の戦爆連合空軍に対し、第85戦隊は果敢に立ち向かい、地上砲火によるものを含めて一七機を撃墜破（85戦隊の損失六人）したが、うち五機は若松大尉、四機は大久保軍曹の仕留めたものである。

愛機の四式戦闘機疾風に搭乗する若松大尉

しかし、十月十七日、フィリピンを主戦場とする「捷一号」作戦が大本営から発動されて、中国方面へのパイロットの補充は期待できなくなり、中国における航空優勢は米中側に傾いていった。十月二十日、梧州、広東上空の防空に任じていた飛行第85戦隊に未帰還一機を生じて、戦隊（第1と第2中隊。第3中隊は漢口）の空中勤務者は八人になってしまった。

そこで十二月初め、漢口に移って第3中隊と合流したが、戦力は十一月中旬現在で四式戦一〇機、二式単戦一七機となっている。第5航空軍は全部で一五〇機を数えたが、米中連合空軍は八〇〇機に達し、彼我の戦力比は五対一以上に開いて日本の命脈尽きる感を深くしていった。

手に汗にぎる空戦実況放送

「ただいまP51に追尾中……距離二五〇……二〇〇……撃てーっ〈ドドドドド……〉……敵機白煙を吹いて降下中……あっ、発火、分解せり……。

P40六機、広東に向け侵入しつつあり、われこれに接敵中……反航優位から反転……間もなく射距離にはいる……三〇〇……二五〇……照準〈ドドドドド……〉われ撃墜す！」

これは若松大尉の空戦実況放送で、広東基地で実際に傍受したものである。彼は友軍の士気を鼓舞するため、空戦にはいると無線電話のスイッチを入れて実況を報告していた。ドドド……という一二・七ミリ機銃、二〇ミリ機関砲の豪快な射撃音がスピーカーから流れると、基地の将兵は耳をかたむけ手に汗をにぎった。

「若松！　たのむぞっ」

「中隊長っ！　がんばれっ」

「これもいただきですねっ」

そして、みごと「撃墜」が報告されると、「バンザイ！　ご苦労さま」の歓呼がこだました。基地における残留者、地上整備員、勤務者にとって敵の空襲は手も足も出ない歯がゆいことであったから、エースの登場と敵機をたたきおとす実況は、この上ない快哉事であったわけである。

コチコチでなかった陸軍航空隊

人はよく「陸軍はコチコチでユーモアを解さない、いやそれをとばしたらぶんなぐられるところだった」という。たしかにそれはあったが、一部、とくに航空隊は、そんな気配はほとんどなかった。やはり軍用機という危険なものを扱う緊張感と、それをやわらげるユーモアがうまくマッチして成り立つところだったからであろう。

また陸軍航空隊が、第一次大戦後の大正八年（一九一九年）、近代化するに際して、フランス飛行団（フォール大佐以下六一人）から航空技術を学びとったことにも原因があるように思われる。海軍が大正十年、同じ目的でイギリスから呼んだセンピル大佐以下の教官団（三〇人）は、まことにきびしくうるさいチームであったというが、フランス飛行団はクレマンソー首相が好意をもって送り込んでくれたチームだけに、第一次大戦のそうそうたるエースを加えながら、なごやかでエスプリに富み、次代の陸軍航空幹部を感化したようだ。

それかあらぬか海軍では、各航空隊のマークに派手な模様、マークを印すことはなかったし、水兵から佐官に登用されるという処遇もほとんどなかった。しかし、陸軍では、各戦隊ごとに色とりどりのマークをあしらい、中隊長機の機首や尾翼を赤く塗ることも許されたし、一兵から佐官に取り立てることも、少ないながら何人かあった。若松幸禧大尉も、まさにその中の一人だったのである。

漢口にしのびよる敗勢

第85戦隊が漢口で戦力を回復しつつある間、十一月十一日、衡陽にP40、P51が延べ四十数機、七回にわたって来襲した。同地防空の飛行第48戦隊（戦隊長・鏑木《かぶらぎ》健夫少佐、五一期）は全力の一式戦「隼」一四機で迎撃し、P51四機を撃墜、二機を撃破したが、こちらも三機撃墜され（落下傘降下一、人員無事）、被弾不時着三機、さらに敵の対地攻撃によって炎上六機、大中破六機という大損害をこうむった。

この日、畑総司令官が南岳視察の途上、衡陽飛行場にいて、また下山第5航空軍司令官も衡陽指揮所にいて、二者ともこの味方の惨状を目撃していたのである。下山中将は回想録で、つぎのようにいっている。

桂林制空のため飛行第48戦隊が衡陽基地で出動準備中、芷江の敵機が遂川にゆくため数機衡陽の上空を通り掛って、下に飛行機がずらり並んだのを見付けたからすぐ舞下って銃撃を始めた。〈中略〉地上の監視哨は七〇粁《キロ》ぐらいしか離れておらず、電波警戒機もまだ十分には機能を発揮していなかったので、敵を見付けてから一〇分そこそこで既に上に来ているので間に合いようがない。

また空戦を見ていて、彼我武装の優劣、通信の差をこの時ほど如実に体験したことはない。敵機の発射音を我がほうと比較すると、工場の気笛の傍で蚊の鳴いている程度といっても過言ではない。また衡陽から三〇〇粁隔てる芷江へ敵が電話で増援を要求するのがはっきりと傍受できているのに、我が方はわずか一〇〇粁足らずの湘潭《しょうたん》にきている戦隊の後続隊にはどうしても通話ができない有様で切歯扼腕《せっしやくわん》するけれども、どうにもならずみすみす不利な戦闘を交えさせる結果となった。太平洋戦争間、我が通信能力の低級が作戦に多大の不利を招いたことは周知の事実であるが、我々もまたこの日、この点で極めて痛切な教訓を得た。

下山中将が認識不足だったわけではないが、日本の国力、戦力をわきまえずに猪突猛進した軍部の浅はかさが悲しい。「彼を知り己を知れば百戦あやうからず」という孫子の兵法を真にわきまえていれば、太平洋戦争のみじめな結末は避けられたであろう。

〝漢口・死の行進〟のお粗末

十一月末になると、漢口に対するB24、B25の夜間爆撃がひどくなり、損害も急増していったが、迎撃力は温存中で微弱であった。十二月にはいり、ついにB29が中国内要地の爆撃をはじめた。

「米空軍が漢口市街地を爆撃する」

という情報が流されて、市民は浮き足立って郊外へ避難をはじめた。B29に無差別爆撃をされては、元も子もないからである。これは十日ごろからはじまり、十六日には避難民が郊外へ通じる道路にあふれかえった。

全長 m	主翼面積 m²	全備重量 kg	最大速度 km/h	上昇時間 m/分′秒″	上昇限度 m	航続距離 km	機　関　銃 口径 mm×梃	爆　弾 kg×個
8.92	21.50	2590	515	5000/ 6′20″	10500	2200	12.7×2	250×2
8.84	15.00	2715	605	5000/ 4′20″	10500	1400	7.7×2　12.7×2	100×2
8.75	20.00	2950	591	5000/ 5′31″	11600	1100	12.7×4	250×2
9.92	21.00	3890	624	5000/ 6′26″	10500	1600	12.7×2　20×2	250×2
8.82	20.00	3495	580	5000/ 6′00″	11000	2000	12.7×2　20×2	250×2
11.00	32.00	5500	540	5000/ 7′00″	10000	2000	12.7×2　20×1 7.7×1(旋回)	250×2
9.06	22.44	2410	509	6000/ 7′27″	10000	3500	7.7×2　20×2	60×2
9.12	21.30	2733	565	6000/ 7′01″	11740	1920	7.7×2　20×2	250×2
9.70	20.05	3440	612	6000/ 5′50″	11700	2520	20×4	60×2
8.89	23.50	3900	594	6000/ 7′50″	10760	1720	20×4	250×2
12.20	40.00	6900	505	6000/11′00″	9900	1800	20×2(上)　20×2(下)	250×2
10.16	21.93	3780	605	790/ 1′00″	9000	1200	12.7×6	225×1
9.19	19.80	3625	620	960/ 1′00″	9600	1200	12.7×4　37×1	
11.53	30.42	7950	665	6100/ 7′00″	12180	3600	12.7×4　20×1	450×2
11.00	28.60	6610	704	6100/11′30″	12200	3170	12.7×8	450×2
9.75	21.92	4585	680	6100/ 6′30″	12160	3300	12.7×6	225×2
13.80	61.70	12220	560	7500/13′00″	10000	4800	12.7×4　20×4	450×2
8.50	24.20	2760	531	880/ 1′00″	8550	1850	12.7×4	45×2
10.20	31.00	5780	605	915/ 1′00″	11530	2880	12.7×6	450×2
8.61	22.66	4222	732	1980/ 1′00″	12895	3740	20×4	225×2
13.80	42.30	9815	687	1300/ 1′00″	11000	1620	12.7×4　20×4	900×1
10.27	29.20	5686	680	6100/ 6′48″	12670	1790	12.7×6	450×2
9.45	23.92	3530	546	6100/11′30″	9000	740	20×4	225×2
9.55	22.48	3402	657	6100/ 7′00″	12954	1800	7.7×4　20×2	225×1
9.55	22.48	3856	721	6100/ 6′40″	13564	1800	20×4	225×1 (450×1)
9.73	25.92	5030	648	4500/ 6′12″	10200	1600	20×4	450×2
10.49	28.21	6305	708	6100/ 5′36″	11278	1300	20×4	450×2
12.55	40.80	9707	646	4500/ 7′30″	11700	2800	20×4	900×1 (450×2)
12.60	41.90	9720	520	4500/ 7′48″	8670	2400	20×4　7.7×6	
8.80	16.40	2505	570	6000/ 7′12″	10500	670	7.9×2　23×1	250×1
8.90	16.20	3680	685	6000/ 6′00″	12600	1000	13×2　30×1	250×1
10.65	38.40	6700	584	5500/ 8′00″	12800	2100	7.9×6　20×2	
8.94	18.02	3895	611	6000/ 4′30″	11500	1300	7.9×2　20×4	250×1
6.22	15.00	1800	470	5000/ 6′30″	9600	650	7.6×4	30×2
8.66	17.50	3350	595	5000/ 5′00″	10000	700	20×2	100×2
8.48	14.90	3000	600	5000/ 4′30″	11000	820	12.7×2　20×1	
7.40	17.70	3285	560	5000/ 5′00″	11000	820	12.7×2　20×1	100×2
8.00	18.00	2470	520	5000/ 6′00″	9500	800	7.7×2　20×1	
8.83	15.98	2531	530	4000/ 3′58″	11000	1000	7.5×4　20×1	
7.80	18.25	2400	490	5000/ 5′12″	9500	700	12.7×2	
8.12	16.80	2200	506	6000/ 6′12″	10400	870	12.7×2	
8.85	16.80	3408	642	6000/ 6′12″	11000	880	12.7×2　20×1	160×2

第二次大戦の列強レシプロ戦闘機

	機　　名	乗員	エ　ン　ジ　ン	最大出力 馬力	全幅 m
日本	一式二型「隼」（キ-43-Ⅱ）	1	ハ115(星型14気筒)	1130	10.84
	二式二型「鍾馗」（キ-44-Ⅱ）	1	ハ109(星・14)	1520	9.45
	三式一型「飛燕」（キ-61-Ⅰ）	1	ハ40(倒立V・12)	1175	12.00
	四式一型「疾風」（キ-84-Ⅰ）	1	ハ45-25(星・18)	2000	11.24
	五式一型(キ-100-Ⅰ)	1	ハ112(星・14)	1500	12.00
	二式「屠龍」（キ-45改）	2	ハ102(星・14)	1050	15.02
	零式二一型(A6M2)	1	栄12(星・9)	950	12.00
	零式五二型(A6M5)	1	栄21(星・14)	1130	11.00
	「雷電」二一型(J2M3)	1	火星13甲(星・14)	1820	10.80
	「紫電改」（N1K2-J）	1	誉21(星・18)	2000	12.00
	「月光」二一型(J1N2-S)	2	栄21(星・14)	1130	17.00
アメリカ	カーチス P40N「ウォーホーク」	1	アリソン V-1710-99	1125	11.36
	ベル P38Q「エアラコブラ」	1	アリソン V-1710-85	1200	10.36
	ロッキード P38L「ライトニング」	1	アリソン V-1710-111	1425×2	15.86
	リパブリック P47D「サンダーボルト」	1	P.W.R-2800-21	2350	12.43
	ノースアメリカン P51D「ムスタング」	1	パッカード・マーリン V-1650	1680	11.28
	ノースロップ P61「ブラックウィドウ」	3	P.W.R-2800-10	2100×2	20.13
	グラマン F4F-3「ワイルドキャット」	1	P.W.R-1930	1200	11.60
	グラマン F6F-5「ヘルキャット」	1	P.W.R-2800-10W	2100	13.00
	グラマン F8F-2「ベアキャット」	1	P.W.R-2800-34W	2400	10.82
	グラマン F7F-3「タイガーキャット」	1	P.W.R-2800-22W	2100×2	15.70
	ヴォート F4U-4「コルセア」	1	P.W.R-2800	2100	12.48
イギリス	ホーカー「ハリケーン」2C	1	ロールス・ロイス・マーリン20	1185	12.19
	スーパーマリン「スピットファイア」9	1	ロールス・ロイス・マーリン60	1720	11.23
	スーパーマリン「スピットファイア」14	1	ロールス・ロイス・マーリン65	1720	11.23
	ホーカー「タイフーン」1B	1	ネピア・セイバー2A	2180	12.66
	ホーカー「テンペスト」2	1	ブリストル・ケンタウルス5	2520	12.50
	デハビランド「モスキート」NF-38	2	ロールス・ロイス・マーリン113	1430×2	16.52
	ブリストル「ボーファイター」MK1F	2	ブリストル・ハーキュリーズ3	1425	17.63
ドイツ	メッサーシュミット Me109E	1	ダイムラーベンツ601A	1175	9.90
	メッサーシュミット Me109G	1	ダイムラーベンツ601D	1800	10.06
	メッサーシュミット Me110E	2	ダイムラーベンツ601N	1375×2	16.75
	フォッケ・ウルフ Fw190A	1	べ・エム・ベー801	1560	10.49
ソ連	ポリカルポフ I-16	1	M-25	750	8.92
	ラヴォチキン La-5	1	M-82F	1640	9.83
	ヤコブレフ Yak-9	1	VK-105PF	1210	9.78
	ミコヤン・グレヴィッチ Mig-3	1	AM-35A	1350	10.10
フランス	モラル・ソルニエ MS406	1	イスパノ12Y-51	1100	10.70
	ドボアチーン D520	1	イスパノ12Y-29/51	1100	10.20
イタリア	フィアット G50「フレッチア」	1	フィアット A74-RC38	870	10.74
	マッキー MC200「サエッタ」	1	フィアット A74-RC38	870	10.58
	マッキー MC205「ヴェルトロ」	1	ダイムラー・ベンツ605A	1250	10.58

「無差別爆撃を行なうとはけしからん」

「アメリカ人パイロットを、みせしめにやっつけてやれ」

いきり立った陸軍参謀は、十七日、捕虜とした彼らに縄をつけて引きずりまわし、中国民衆の前で処刑してしまったのである。これは〝漢口・死の行進〟といわれ、その参謀は戦後、戦犯裁判で死刑になった。

エース若松少佐の壮烈な最期

さて翌十八日、無差別爆撃の情報どおり、B29約九〇機が正午過ぎから約一時間にわたって漢口に進入し、焼夷弾、爆弾を投下して市街はえんえんと燃えさかった。

これに備えて待機していた飛行第25、第48、第85各戦隊は、青木飛行団長の統一指揮のもとに迎撃を開始し、B29二機撃墜（不確実）、一一機撃破の戦果をあげた。

これにつづき午後二時三十六分から三時十五分の間に、B24、B25、P51など戦爆連合七〇機以上が五波に分かれて爆撃と銃撃（飛行場）を重ねた。第25、第48戦隊とともに、昼からの空襲の合間をぬって燃弾を補給しては舞い降り舞い上がっていた第85戦隊も、少ない人数では疲労困憊し、四式戦は地上で破壊されていった。

若松少佐（この少し前に進級）はP51と激闘し（一〜二機を撃墜したと報告されている）、二度目の離陸でついにP51十数機にとり囲まれてしまった。いかに乗り手のいい四式戦も、あらゆる角度からP51にかぶられてはどうしようもない。燃料タンクから白い尾をひき、つぎの瞬間、真っ赤な炎をはいて武昌第二飛行場から一キロの地点に墜落、壮烈な戦死をとげたのである（三十四歳）。

彼とともに第85戦隊の双璧とうたわれていた第1中隊の柴田力男准尉（約二七機撃墜）、細堀軍曹も戦死し、大久保軍曹は負傷して不時着、斉藤戦隊長もまた被弾して火傷を負うなど、可動機数はわずか三機になるという惨憺たる有様であった。

これに対し米空軍に与えた損害は、前記B29の撃墜破のほかはP51四機撃墜、三機撃破にとどまった。

所沢飛行学校助教官時代の若松（後列左より3人目）

「若松少佐戦死」の報に、下山軍司令官はじめ第5航空軍全員が泣いた。円熟した空戦技術で不死身のエースといわれていたばかりでなく、その人柄は上下からの信頼と親しみをあつめ、航空軍の支えとなっていたのである。

「若松をここで死なせたくなかった。一度帰しておけばよかった」

と軍司令官らはいったというが、当時の日本の戦況、中国戦線の情況でそれができたであろうか。数少ない飛行機に乗って、敵機の雨のような射弾をかいくぐってきたベテラン・パイロットたちも、うち続く消耗戦にあって、ついに消えざるをえなかったのだ。

明治四十四年（一九一一年）、鹿児島県生まれ、昭和五年、飛行第3連隊に志願兵として入営、昭和七年十一月から戦闘機パイロットとなり、所沢、熊谷飛行学校助教官を務めた。十三年五月、第一八期少尉候補者として航空士官学校に入校し、同年末に少尉となった。

昭和十四年九月、ノモンハンの飛行第64戦隊第1中隊に派遣されたが、すぐに停戦となって空戦に参加できなかった。同年末に中尉、十五年末に明野飛行学校の甲種学生となり、十六年四月、同校を卒業して満州・八面通で新しく編成された第85戦隊付となった。十七年一月に第2中隊長に任ぜられ、同年八月に大尉、十九年十一月、少佐に進級したというのが若松中佐（戦死して特進）の略歴である。

この経歴が示すように、若松は航空報国の念黙《もだ》しがたく、陸軍航空隊に一兵で身を投じ、以後の成績優秀のため少佐まで躍進するが、不利な戦いを強いられついに華と散った。

また戦闘機パイロットとしては、九一式戦闘機にはじまって九七式、一式「隼」へ、そして実戦で二式「鍾馗」、四式「疾風」（すべて中島製）に搭乗し、米空軍のP40を一〇機以上、P51を八機以上、計一八機以上の戦闘機ばかりを撃墜した。まことに超一流の陸軍パイロットということができよう。

2 戦闘機にかける中島の情熱

四式戦闘機「疾風」（昭和二十年四月一日命名）が、戦争も終わり近くなってじり貧におちいった日本に、一服の清涼剤を与えたことは前章に述べたが、その開発までにはメーカー・中島飛行機、創始者・中島知久平の戦闘機にかける情熱と努力があった。

海軍機関学校で固めた情熱

中島知久平に、飛行機に乗りたい、あるいは飛行機を作りたいという関心を持たせたのは、なんといっても、ライト兄弟（アメリカ）の人類初の動力飛行成功である。当のアメリカでは、意外にニュース価値が乏しく、かえってヨーロッパやアジアの日本で大きく評価されたというのは皮肉であるが、いずれにせよ、そのニュースが世界的にわき上がりつつあった飛行機熱に油を注ぎ、あるいは挫折感すら与えたことは、まぎれもない事実であった。

明治三十三年（一九〇〇年）、郷里の群馬県新田郡押切の家を出奔し、東京へ出て独学に励み、三十五年、ついに専検をパスした知久平は、三十六年三月、陸軍士官学校の入学手続きをとった。当時の世相は反ロシア一色で、天敵撃つべしの声が高かったから、彼も歩兵科の将校になって将来、ロシアを征伐し、中国で幅をきかそうと考えていたのだ。

ところが父・粂吉《くめきち》に、

「日本は四面海の島国だから、海軍の役割は重い。お前も海軍の軍人になって忠義を尽くしてもらいたい」

といわれ、海軍、それも機関学校のほうに志望を変更したのである。試験は三十六年十月であったが、学科試験を受けた八五〇人中四〇人採用に対し、彼は二一番でみごと合格した。

そのころ、横須賀軍港内の楠ケ浦にあった海軍機関学校に、第一五期生として入校式をあげたのは、十二月二十一日だったが、実にその四日前、一九〇三年十二月十七日に、ライト兄弟の初飛行が行なわれていた。このニュースは、はじめアメリカで大きくとりあげられず、日本に伝えられたのはしばらくたってからだが、とにかく〝空中飛行機械〟に興味を抱いていた知久平としては、海軍機関学校に目標を変えたことをかえって喜んだ。実用的な飛行機の研究にうち込むことができるからである。

翌三十七年二月十日、日本はロシアに対して宣戦を布告、困難な旅順攻撃のあと奉天の会戦、日本海海戦でトドメをさして勝利をにぎった。機関学校二年生の知久平は、これでロシア征伐の夢は消え、飛行機にしぼることになったが、まだ何の準備も資料もととのっていな

ライト式複葉機。人類初の動力飛行に成功し世界航空界の幕開けを告げた

かった。

その資料を手に入れたのは、海軍機関学校を卒業(四十年四月二十五日)して、巡洋艦「明石」「常磐」そして「石見」に乗り組んだころ、すなわち四十一年の春で、飛行機の記事の出ているドイツの雑誌であった(なお、彼はこの年の一月、機関少尉に任官している)。

日増しにつのる空へのあこがれ

「中島が、トビやワシについて研究しているらしい」と評判が立ったとき、分隊長をしていた岸田東次郎元海軍少将(当時大尉)は、つぎのように語っている。

「四十一年の春だったか、中島が毎日のように時間外外出の許可願いにくるので不審を抱き、あるときどうしてそう毎日、外出するのかと理由をたずねてみた。すると彼は『佐世保の下士官集会所で飼っているワシを調べているので……』と答えた。

この意外な返答に、僕はあきれるとともに、こやつは頭がどうかしているのではないかと思ったんだが、彼は研究の弁をこう述べた。

『近着のドイツの雑誌を読んで、飛行機についての認識を深めましたので、いろいろ勉強してみる気になりました。それでワシの研究をしてみるのも何かの参考になるのではないかと思いましたから……』と。さらに、『飛行機はりっぱな兵器になると、私は信じて疑いません。大いなる道義を遂行するに当たっては、小なる道徳を顧みなくてもよいと思います』と、力をこめていった。僕はこのとき、こりゃえらいやつだ、と思った」

事実、世界の当時の航空界は、フランスを舞台として活気を帯びていた。フランスに招待されたライト兄弟も、一九〇八年（明治四十一年）八月には一時間三五分滞空し、十二月には二時間二〇分で七七マイル（約一二四キロ）飛ぶというように、大きな進歩をとげている。

四十二年四月、彼は戦艦「薩摩」乗り組みとなり、同年十月に中尉進級、そして十二月からは駆逐艦「巻雲」に移乗した。

なお、日本に臨時軍用気球研究会がつくられ、気球と飛行機の研究をはじめたのは、この年の七月三十一日のことである。

海軍では艦の移動の多いことは、当人の成績の優秀なことを意味する。機関学校を三番で卒業した中島もまさにそれで、四十三年三月にはまたも「生駒」乗り組みを命ぜられた。もうこのころには、飛行機に対する彼の情熱はいよいよつのり、軍艦に積み込まれる外国の新聞や雑誌の飛行機に関する記事をことごとく読みあさっていた。

「ルイ・ブレリオ（フランス）、ドーバー海峡を初横断飛行、デーリー・メール社の懸賞金を獲得！」（一九〇九年＝明治四十二年七月二十五日）

「フランスで第一回国際飛行競技会開催」(同年八月)
「アンリー・ファルマン（フランス)、四時間六分二五秒で距離一一五マイル（約一八五キロ）を飛び、新記録を樹立」(同年十一月)

こんな記事を読んでいると、飛行機で大空を自由に飛び、また新式の飛行機を製作する自分の将来像に、中島は、からだじゅうの血をかっかと燃えあがらせた。

フランスの飛行界を見学

その彼の夢の一部が、実現されるときがやってきた。

軍艦「生駒」が、イギリスのジョージ五世の即位（同年五月六日）を記念する博覧会を、ロンドンで日英共催するにあたり、イギリスへ派遣されることとなったからである。当時、日本とイギリスは同盟のよしみをもっていたので、両国の親善をはかるのがおもな目的であった。

乗組員中堅の一人である中島も、博覧会を正式に訪問する委員に選ばれ、四月中旬、日本を離れスエズ回りでイギリスへ向かった。彼は艦内で飛行機の記事が載っている外国誌ばかりを読みふけっていたが、艦が地中海にはいると、上官にこう願い出た。

「博覧会訪問委員に選ばれながら勝手をいって申しわけありませんが、本艦がマルセイユに寄港しましたら私に上陸を許していただきたいのです。フランスの飛行界を見る絶好の機会ですので……」

日野熊蔵大尉搭乗のグラーデ式単葉機。代々木練兵場にて

つまり「生駒」がマルセイユに寄港し、ロンドンへ行ってまた帰りに寄港するまでの約四〇日間、飛行機先進国であるフランス各地をみてまわっておこうというのだ。

上官はものわかりのいい人だったようで、結局、中島の申し出を黙認の形で許したのである。彼はマルセイユからパリへ、そしてランス、シャロン、エタンプ（ファルマン飛行学校があり、日本における初飛行者・徳川好敏大尉は中島中尉が同校を訪問した四ヵ月後にここで練習飛行をしている）、さらにアントアネット、ブレリオなどの飛行機会社、アンザニー発動機《エンジン》工場を見学した。これは中島にとってたいへんな収穫で、飛行機こそわが命と信じるにいたった。

六月の中旬、マルセイユで「生駒」とおちあった中島は、七月になって無事帰国したが、十二月一日には心ならずも（?）第9艇隊（水雷艇四隻編成・佐世保）の機関長（一隻）を命ぜられた。

水雷艇というのは、いまでいう魚雷艇で、当時からの新兵器だったが、彼は「飛行機で魚雷攻撃をする時代が必ずくる」とそのころ予言していたので、水雷艇乗り組みはいささか場違い

カーチス複座練習機。左より竹内中佐、山田、河野大尉、中島機関大尉

の感を深くしていたであろう。

ついに日本でも動力による初飛行が行なわれた。明治四十三年（一九一〇年）十二月十九日、徳川好敏、日野熊蔵両大尉は、代々木練兵場でアンリー・ファルマン（複葉）、グラーデ（単葉）にそれぞれ搭乗し、短時間ながら初飛行に成功した。中島中尉が第9艇隊乗り組みとなってから一九日後のことである。

しかし日本における飛行記録が、翌四十四年四月で時間一時間九分三〇秒、距離八〇キロ、高度二五〇メートルだったのに対し、世界では時間八時間一二分四五秒、周回距離五八四・七四五キロ、高度三一〇〇メートル、最大時速一〇九・五キロに達していたから、その差はまことに大きなものだった。

アメリカに渡り飛行免状を取得

明治四十四年五月、彼は巡洋艦「出雲」に移乗を命ぜられるとともに、分隊長心得とされた。飛行機の研究に打ち込みたいのに、勤務が目の回るような忙しさとなったのではたまらない。彼は「海軍大学の選科学生になって飛行機の研究をしたい」と、そのころ艦政本部部員をしていた軍艦「石見」時代の分隊長・

岸田東次郎機関大尉に手紙を出した。

　岸田大尉も中島の才能を認めていたので、さっそく上司へとりついでくれた。その結果、七月二十六日、海軍大学の選科学生として晴れて飛行機研究に打ち込めることになった。さらに八月五日、臨時軍用気球研究会の御用掛にも任ぜられ、徳永熊雄陸軍工兵少佐のもとで軟式飛行船の製作を手伝った。

　これは九月に完成し、十月二十七日に初飛行したが、中島中尉はその翌日これを操縦して高度四〇〇メートル、時間一時間四一分、距離三三キロを飛んで新記録をつくった。

　十二月、彼は大尉に進み、翌四十五年六月三十日、海軍大学を卒業した。その四日前、海軍航空隊の母体となった海軍航空技術研究委員会（委員長・山路一善海軍大佐、のち中将）が生まれ、中島大尉はその委員に選ばれて、飛行機への夢を実現させる軌道にのったのである。

　この機関は、軍用気球研究会が陸軍色濃いところであったのを、一九一二年（明治四十五年）三月のモナコにおける水上飛行機大会、および同年四月、アメリカの民間飛行士アットウォーターの水上機による来日公開飛行など、水上機に関心が高まったため海軍独自の立場で設けられたものだ。数年も前から飛行機の将来性を叫んでいる中島が、その有力メンバーの一人に選ばれたのも当然であろう。

　さっそく横須賀軍港内の追浜《おっぱま》に、飛行場や格納庫を設けるとともに、カーチス水上機二機、モーリス・ファルマン水上機二機を買い入れ、河野三吉大尉、山田忠治大尉、中島知久平機関大尉の三人をアメリカへ、梅北兼彦大尉、小浜方彦機関大尉の二人をフランスへ出張させることになった。

アメリカ組の河野、山田両大尉はカーチス機の操縦練習であったが、中島は飛行機の製作と整備技術を習得することで、七月三日に横浜を出帆した。彼は八月にはカーチス飛行機工場で見学と実習、九月からはカーチス水上機および同陸上機の操縦を練習して、サンディエゴのアメリカ飛行クラブで操縦検定試験を受け、みごと合格して飛行免状を取得したのである。

このライセンスは同クラブの第一八九号で、日本人として近藤元久（第一二〇号、一九一二年四月二十七日取得）、武石浩玻（第一二三号、同年五月一日取得）につぐ三番目だった。そして坂本寿一、五番目が山田忠治大尉となる。

飛行機の製作・整備技術と、さらに操縦技術までわずか四ヵ月半のうちに習得した中島は、大正元年十二月十五日に帰国したが、その一ヵ月前の十一月十二日、横浜沖の観艦式に金子養三大尉（ファルマン水上機）と河野三吉大尉（カーチス水上機）が参加して海軍航空の幕をあげていた。

海軍国産機第一号を完成

中島大尉が操縦を学び、ライセンスをとってきたことに対して、

「中島の使命は飛行機の製作・整備の見学と技術習得であって、操縦の練習は含まれていない。操縦は河野、山田両名であり、中島がそれまで手をのばしたことは命令違反だ」

という声が上がった。おそらくやっかみ者のいちゃもんであったろうが、一応問題にされ事情聴取された。しかし、彼はきっぱりと弁明している。

「飛行機の製作・整備技術を十分吸収するためには、その操縦技術ものみこんでおく必要があります。そこで私は、滞在費を節約して費用をひねり出し、飛行練習してきたのです。テストの結果、ライセンスがもらえたまでです。操縦技術を知ったおかげで、私の製作・整備技術もぐっと幅が増しました。使命を拡大解釈したことは、海軍のためプラスになったとは申せ、命令違反したとは思いません」

これにはだれも反論できず、追及も沙汰止みとなった。当然といえば当然過ぎることであるが、シリの穴の小さい連中はどこにでもいるものだ。

さていよいよ海軍でも、飛行機の製作をはじめることになった。彼は大正二年五月十九日、横須賀鎮守府海軍工廠造兵部部員を命ぜられて、田浦の造兵部で飛行機造修工場主任となった。

ちょうど第二期練習委員として和田秀穂中尉（のちの中将）ら五人が加わり、第一期とも合計九人にふえたので、ファルマン二機、カーチス二機ではどうしようもない状態となったからだ。

そこで、カーチス水上機一機をコピー急造することになり、中島が陣頭に立って着手したが、早くも七月中旬には完成して、テスト飛行もうまくいった。これが日本海軍で製作された国産機の第一号である。

大正三年（一九一四年）一月、造兵監督官に任命された彼は、海軍がフランスの会社に発注している飛行機とエンジンの製作状況を監督するため、フランスへ出張した。その最中、七月二十八日、セルビアの一学生によるオーストリア皇太子射殺事件が起こり、第一次大戦がはじまった。日本も参戦することになったので、予定を早め九月四日に帰国している。

陸海軍の青島攻撃とともに、飛行機も臨時に航空隊を編成して参加させることになり、海軍は水上機母艦「若宮丸」にモーリス・ファルマン一機、小型ファルマン三機を積み込んで膠州湾に進んだ。そのころ中島は帰国したので、東京の艦政本部と田浦の飛行機工場を行ったり来たりして、ファルマン機の製作に協力するとともに、自らの設計になる新機の製作をはじめた。

青島戦が終わり、大正三年も暮れようとする十二月末、彼は造兵部員にもどり飛行機工場長となって、いよいよ飛行機づくりの手腕を発揮していった。その中でもとくに注目されるのは、大正五年四月に完成した複葉双発単フロートの水上機と、六月の中島式トラクター機（前年製作したものの改良型）であろう。

当時、日本には双発機などなかったので、複葉双発水上機は意欲的設計だったにもかかわらず「あぶなくて乗れない」とパイロットから尻ごみされ、一度も飛行することなく終わってしまった。しかし、中島式トラクター（牽引式）は成功して、海軍制式の「横廠式」の元祖となり、長いこと偵察練習用に使われた。

飛行機工場設立への第一歩

飛行機のエキスパート中島知久平に、海軍の期待するところは大きくなり、海軍技術本部会議員（四月）、横須賀海軍航空隊付（八月）を兼務させ、飛行機製作およびその発展に専心させた。しかし彼の気持ちは、すでに海軍をやめようという方向に向かっていたのである。

なぜかというと、そのころようやく飛行機の製作、新型機の開発に力を入れるようになった海軍といっても、やはり軍艦至上主義、大艦巨砲主義は海軍上層部の頭から抜けきらず、彼の意図するところとは大きく食い違っていた。さらに、海軍部内の非能率的な書類決裁事務は、彼の目をおおうばかりで、飛行機の製造に携わるなら制約を受けることの少ない民間でと考えるようになったからである。

つまり、大志を抱く中島は、単なる一海軍士官として海軍航空に留まるより、大局的立場から一国民として民間の飛行機工場を経営し、優秀機を生産するほうが、より意義ある生涯だと思ったわけだ。もちろん、そのようなことは、だれにも漏らしたりはしなかったが……。

ところが困ったことに、海軍では機関学校の優等生を機関中将まで昇進させ、病気以外の理由で途中退役を認めないという伝統があり、容易に身をひくことができないのだった。そこで彼は、横須賀航空隊司令・山内大佐はじめ友人にまで退役工作をしてみたがうまくいかず、ついに大石良雄の故知にならって放蕩生活をはじめてみた。

「中島（三十三歳）の家に商売女のような女がいるぞ。シャミ（三味線）の音がいつも聞こえてくる」

「追浜の漁師の娘といい仲になっているそうじゃないか」

「本牧《ほんもく》のチャブ屋（小料理店）で夜ごと酒を飲んでるが……」

など悪評が立ったものの、ハレンチなことをおかしてもいないので懲戒免職にはならない。そうこうしているうちに大正六年三月となり、もう一刻の猶予もならないと、彼は病気静養を理由に長期欠勤届けを出して、郷里の群馬県押切に帰った。

横須賀海軍工廠造機部の若手技師、栗原甚吾らを飛行機工場設立の暁には、手ぎわよく送り込む手はずをととのえ、元大阪朝日新聞の飛行記者小山荘一郎（黒天風と号す）に資本家、石川茂兵衛（神戸肥料問屋）をたのむなど、いろいろ設立工作をはじめたのである。

長期欠勤届けが出されてから約ひと月、五月になっても追浜の航空隊、田浦の造兵部へ顔を出さない中島に、海軍はどうも怪しいとにらんで憲兵に尾行させた。

「郷里に飛行機工場を作る準備をしている」

という報告で、海軍省ではそれを妨害してやろうという動きが出はじめた。そうなっては元も子もないので、彼は真に頼れる先輩、岸田機関少佐にすべてをうち明けて相談した。じっと聞いていた岸田少佐は、

「それほどまでに決意がかたく、飛行機報国を念じているのなら、きれいにやめられるよう努力してみる」

と約束してくれた。それが決して、単なる安うけあいでないことは、岸田が当時の海軍次官・鈴木貫太郎大佐と懇意（ともに千葉県人）で、中島の件を頼みこめる立場にあったとい

う一事で察しがつこう。鈴木貫太郎すなわちのちの海軍大将、連合艦隊司令長官、軍令部総長、枢密顧問官、同議長であり、終戦時においては総理大臣であったのだから……。

結局、岸田は中島を鈴木に引きあわせる労をとり、傷のつかない方法で中島を待命（六月一日付）とし、予備役編入（十二月一日付）とすることに成功したのである。

中島知久平のみごとな〝宣誓の辞〟

待命により自由の身となった中島だが、直ちにことを行なうのは、はばかられた。そこでひそかな旗揚げをはじめ、まず郷里・押切から南へ下った利根川べりの草原を飛行場とするため買収をはじめた。そして事務所としては、やはり押切の西方二キロにある養蚕小屋を借り受けたが、これはあくまでも待命中の仮事務所だった。彼の二番目の弟門吉は、早くも兄のもとへ馳せ参じ、経理を担当していた。

中島がまだ在職中、勧誘しておいた技師、工手たちは、大正六年末までに五人集まってきた。奥井、栗原、佐久間、佐々木、石川で、中島は彼らを軸に中島式一型陸上機の設計にとりかかったのである。

十二月一日の予備役編入と同時に、かねてから用意しておいた挨拶状を各方面に送ったのだが、それは退職の辞であるとともに宣誓の辞でもあるみごとなものだった。

〈前略〉

惟《おも》うに外敵に対し、皇国安定の途は富力を傾注し得ざる新兵器を基礎とする戦策発見の一つあるのみ。而《しか》して現代に於て此の理想に副《そ》う所のものは実に飛行機にして、之が発展によりては能《よ》く現行戦策を根底より覆し、小資をもって国家を泰山の安きに置くことを得《う》べし。

夫《そ》れ金剛級戦艦一隻の費を以てせば、優に三千の飛行機を製作し得べく、一艦隊の費を以てせば能く数万台を得べし。〈中略〉即ち飛行機に集注し得る資力には大ならざる限度あり、この点に於て国防上の強弱には貧富の差なきを得べし。而して三千の飛行機は特殊兵器「魚雷」を携行することにより其の力遙かに金剛に優れり。

〈中略〉

実に飛行機は完備せる工場に於てせば計画製造まで一ヵ月の日子を以て完成するを得。故に民営を以て行う時は一ヵ年に十二回の改革を行い得るも、官営にては正式に言えば僅《わず》かに一回のみ。故に官営の進歩は民営の十二分の一たるの理なり。欧米の先進諸国が飛行機製作を官営兵器廠にて行わず、専《もっぱ》ら民営に委ね居《お》るの事実は一つに此の理に存す。

斯《か》く帝国の飛行機工業は今や官営を以て欧米先進の民営に対す。既に根本に於て大なる間隔あり。今にして民営を企立し、之が根因を改めずんば竟《つい》に国家の運命を如何にかせん。

〈中略〉

今や、海軍を退くに当り、多年の厚誼《こうぎ》を懐ひ、胸中感慨禁じ難きものあり。然しながら目標は一貫国防の安成にありて、野に下ると雖《いえど》も官に在ると真の意義に於て何等変る所なし。吾人が国家のための最善の努力を振い、諸兄の友情恩誼に応え得るの日は寧《むし》ろ今日以降にあり。茲《ここ》に更めて従前の如く厚き指導誘掖《ゆうえき》を賜らんことを希《ねが》い、併せて満腔の敬意を表す。

それと同時に進めていた太田町の旧博物館借り入れもうまくゆき、十二月二十一日、仮事務所を移転させて「飛行機研究所」の看板を掲げた。後年の「中島飛行機株式会社」のスタートであった。

着々と進む準備工作

これをもってよく民間航空工業の第一号という人がいるが、これは誤りである。中島の「飛行機研究所」より三週間前に、つまり大正六年十二月一日、医学博士の岸一太が東京府下北豊島郡岩淵町神谷に「赤羽飛行機製作所」を開いており、これが正真正銘の開祖なのだ。もっとも「赤羽飛行機製作所」は、スタートはにぎにぎしかったものの、しばらくして経営難におちいり、大正十年二月に工場を閉鎖してしまっている。やはり、しんから飛行機を知っているのではない医師の商法が、失敗を招いたのである。

太田の「飛行機研究所」は工場を兼ねていたが、当初は仮事務所から行なってきた中島式一型の設計製図であった。しかしその場所が、子育ての寺「呑竜様」のすぐそばにあったので「呑竜工場」と呼ばれるようになった。中島はこの工場の二階の一室に寝起きしていたが、結婚もせず（当時三十五歳）酒もタバコものまない彼に、近所は奇人、変人扱いであったという。呑竜様の境内でハトに豆を売っていたおばあさんは、

「わたしの娘時代、中島知久平さんはよく公園のベンチへ昼寝にやってきました。わたしたちには気さくないい方でしたねえ」

と往時をしのんで語っていた。

中島飛行機呑竜工場。下は工場内から正門を撮影したもの

しかし彼の信念はかたく、はじめて手がける陸上機――トラクター式複葉複座中島式一型の設計に取り組んでいた。そのうち隣接して部品工場、組立工場、材料庫がつぎつぎに新築され、所員も十数人にふえて活況を呈してくるのだが、いったい見通しはどうだったのだろうか。うっかりす

ると岸の飛行機工場の二の舞をふむかもしれないのに……。

その点、中島は先を見越していた。飛行機の発達は、第一次大戦の経過をみるまでもなくいちじるしいものがあり、軍用機として陸海軍が買わざるをえなくなること、海軍より陸軍が軍航空の育成に積極的なので、とりあえず陸上機を開発したほうがいいこと、そして岸のような総合工場でなく、当初は機体の設計製作だけにしてエンジンは輸入に頼ることで、自信をもって飛行機工場経営を進めていたのだった。

そのために、臨時軍用気球研究会で面識のあった井上幾多郎少将（大正八年四月十五日、初代の陸軍航空本部長となる）を訪ね、陸軍機としての採用その他を話し合ったところ、この陸軍航空の大ボスに気に入られ、激励された。これがのちの中島にどれだけよい影響を与えたか、はかりしれない。

このころ、大正七年の春、東京帝国大学が航空に関する研究機関として「航空研究所」を設けるというニュースがはいった。「飛行機研究所」とは内容が違っても、表向きまぎらわしいので自発的に中島の名を冠することになり、四月一日から「中島飛行機研究所」と看板を改めた。

それからわずか一ヵ月後、中島の資本家・石川茂兵衛が財産整理をはじめて、神戸の日本毛織会社社長・川西清兵衛が肩がわりすることになった。川西は飛行機のことなど何も知らなかったが、飛行機製作はこれからもうかる産業だと感じとり、資本援助することに決心したのである。

中島三型複葉機。大正７年12月に完成

そこで大正七年五月、法人組織の「合資会社・日本飛行機製作所」と改称、中島を所長とし本社を東京・日本橋上槇町に置いた。また川西側の代表として清兵衛の次男・竜三（のち川西航空機の社長）が数人の部下を連れ呑竜工場にやってきた。

失敗を乗り越えて五型の成功

こうして資本のメドがついたので、中島は一型機の製作を急ピッチで進め、同年七月末に完成させた。テスト飛行には、つい四ヵ月足らず前（四月一日）、東京（所沢）―大阪（城東練兵場）間飛行で後藤正雄とともに活躍した佐藤要蔵が当たり、八月一日、尾島飛行場を離陸した。ところが浮き上がったとたんに落ちて、機体をこわしてしまった。

これまでプッシャー式（プロペラが推進式についている型）ばかりに乗り、八〇馬力以上の機体を操縦したことのない佐藤が、いきなりホールスコット一二〇馬力のトラクター式（牽引式プロペラ）に乗ったものだから、勝手がちがって操縦ミスをしたといわれている。

すでに二型機の設計を終わり、その材料をそろえはじめていた中島は、それを一型機の修理に回して約二〇日後に手当てをすませ、一型二号機と呼んだ。これは八月二十五日、岡楢之助大尉によってテストされたが、着陸時に小破し、改修ののち一型三号機となった。

九月十三日、各務原飛行場でりっぱに飛んだ同機が着陸滑走中、またも溝にはまってこわれてしまい、これを修理した一型四号機も十一月九日、尾島で飛行中利根川に墜落、佐藤は重傷を負ったのである。

たとえ、佐藤、岡の両パイロットがトラクター式に不馴れだったとはいえ、一型機はまことに不運な機体だった。四回飛んだうち一回は快翔だったものの、それは中京の各務原で、あとはすべて地元、尾島飛行場で墜落大破してしまっている。

当時、第一次大戦のさなかで（十一月二日に終戦）インフレがひどく、物価が急騰していたので、太田の人たちは「札《さつ》はだぶつく、お米はあがる。あがらないぞえ中島飛行機」とうたい、はじめはあたたかい目で見ていたのがしだいに冷たくなってきた。

ついでに十二月に完成した三型機も、トラクター式に馴れない当時のパイロットの操縦訓練用に、ファルマン・タイプの大きな主翼をつけたものであったが、やはり墜落大破している。しかし翌八年二月につくられた四型機（通算六号機）になって、はじめて良好なテスト飛行成績をおさめ、井上幾多郎のはからいで陸軍から大量注文の内示をうけた。

大正八年四月十五日、陸軍に航空部（初代部長・井上幾多郎少将、のちの航空本部）が設けられると、直ちに四型に対し二〇機の正式発注が出され、ここに中島の基礎はかたまった。

中島四型複葉機。大正８年２月に完成

陸軍用の四型は多少の改良と、エンジンをホールスコットの一五〇馬力に強めることになったので、中島式五型と呼ばれている。

五型の二〇機は八年中に陸軍に完納し、十年三月までに合計一一八機を生産して、中島のドル箱となった。八月十二日に完成した五型（三一号機）のエンジンを、ホールスコット二〇〇馬力に換装して六型といったが、これと四型六号機の二機を大正八年十月二十二日～二十三日に行なわれた第一回懸賞郵便飛行（東京―大阪間、片道ノンストップ往復）に参加させた。

四型は佐藤要蔵の操縦で往復六時間五八分の好タイムを出し優勝、六型は水田嘉藤太（予備中尉）の操縦により往航は失格したが復航で二時間一〇分をマーク、その高性能ぶりを天下に示した。

なお八年一月にはフォール大佐を団長とするフランス飛行団（総勢六一人）が来日し、九月まで滞在して陸軍に飛行術、整備、器材の運用まで教えていったので、陸軍航空はぐんと近代化したが、中島にとっても彼らから得るところは大きく、また技術的にも思想的にもどちらかというとフランス的な味をもつようになる。

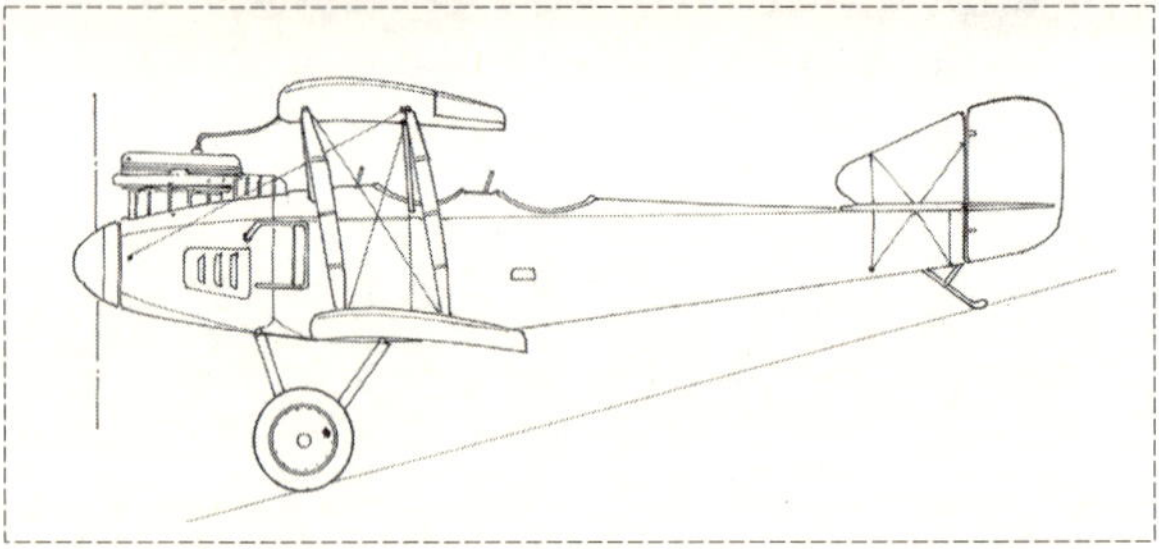

中島五型練習機。四型より150馬力のホールスコットエンジンに換装

川西派との対決と訣別

いずれにしても大正八年は、中島にとって多忙な年であったが、結末において提携者の川西と手を切り、再び中島独自で進む態勢をとることになった。

つまり中島が、飛行機産業を長い目で見、よい飛行機をつくるために金をつぎこめば必ず元がとれるという方針だったのに対し、川西は打算的に考え、少ない資本で多くの利をとろうというやり方を押したので、意見が完全に衝突してしまったのだ。

その最も大きなトラブルの一つは、中島がアメリカから当時の強馬力エンジン、ホールスコット一五〇馬力を一〇〇基輸入しようとしたのを川西清兵衛が知り、

「そんなバカな買い方があるか、当座に必要な数だけをそろえればよい。注文を破棄してしまえ」

と、どなった。ところが中島は、それを無視して輸入してしまったので、川西は中島を所長の座から引きずりおろして技術長に格下げしようとした。これを中島は拒否すると、川西は勝手に解雇通知を出したのである。

こうなっては中島も、川西と手を切るべく工作しなくてはならない。郷土の先輩、武籐金吉代議士に融資のあっせんをたのみ、また井上少将にも協力をたのんで対決した。この間、工員も中島派と川西派に分かれてなぐり合いに発展しかねない情勢となったが、中島が川西の出した条件——陸軍に納入した飛行機の代金を川西に渡し、工場を一〇万円（現在の一億円近く）で買い取ること——をのんで、十一月に約束を果たし、みごと川西派を退陣させたのであった。

かなりの打撃ではあったが、井上少将という陸軍航空の大ボスがついている限り、中島は心強い。十二月二十六日、看板をもとの「中島飛行機製作所」に戻し、所長の座にかえって五型の製作をつづけたのである。

3 九一戦、華々しくデビュー

中島五型は、中島所長のもとに設計製図を佐久間二郎、強度計算を関口英二（のちの川西航空機株式会社技師長）、実験艤装を宮崎達男、工作を栗原甚吾ら各技師が担当したが、設計基準はアメリカのスタンダードH3とドイツのアルバトロスC2を参考としていただけに、当時の国産機（エンジンはアメリカ製）としては、実に洗練されていた。

有能スタッフの起用で工場拡充

しかし、翼型リブ（翼小骨）の設計ミスによる失速傾向と、エンジン・ナセル（覆い）の下に排油穴をあけなかったための空中火災事故など、経験不足に起因する欠点も目立った。〝好事魔多し〟で、陸軍のパイロットの間から、同機に対する非難の声があがったのである。

井上少将も心配して、日本初飛行で有名な徳川好敏少佐を起用し、中島飛行機製作所を査察させて意見を聴取した。その結果、改良すべきところは改良して、かえって所内を刷新することができ、注文も取り消されずにすんだ。

それればかりではなく、海軍からも中島の設計した水上偵察機を改良した横廠式ロ号甲型水偵を、三〇機注文してきた。中島の実力は、創立当初、彼に冷たかった海軍も頭を下げて頼らざるをえないようにさせたわけである。

もちろん、中島飛行機製作所は拡充をはじめ、スタッフ、工員の数も増していったが、中島がいかに超人といっても何から何まで指揮するわけにはいかない。そこで彼の弟たち――門吉《もんきち》、乙未平《きみへい》、喜代一《きよいち》を入所させ腕をふるわせたが、みなその後、副社長、社長に就任するという有能ぶりであった。

飛行機の性能は、第一次大戦によって格段の進歩をとげ、一九一九年（大正八年）二月八日には、ロンドン～パリ間の定期航空路が開かれるまでになった。また同年六月十四日から十五日にかけて、オルコック大尉とブラウン中尉（イギリス）がヴィッカース「ビミー」双発爆撃機で、ニューファウンドランド～アイルランド間三〇四〇キロの大西洋無着陸横断飛行に初めて成功、さらに一九二〇年十二月にはルコアント（フランス）が、ニューポール機で時速三一三キロの世界速度記録をつくるなど、世界の航空界はその育成に積極的でない国々をおいてけぼりにして進んでいく。

〝行灯《あんどん》のお化け〟とからかわれたモーリス・ファルマン複葉機を、一〇年近くにわたって使い古してきた日本も、ようやく後進性におどろき、フランスから教官団を呼んだり、新型機を輸入したりして、近代化につとめた。中島の退官と飛行機製作所設立は、日本にとって渡りに船どころか、タイミング絶好の〝呑竜様（子育ての神）〟であった。

松方コレクションで有名な川崎造船所の所長、松方幸次郎も、早くから飛行機の将来性に目をつけていた一人であるが、サルムソン・エンジン（フランス）のライセンス生産をはじめたのは大正八年一月、兵庫工場に飛行機科を設けてからのことで、中島より丸一年おそい。そして、陸軍航空部が井上部長の裁定によって、川崎および三菱両民間工場にも飛行機をつくらせることにしたのは、大正十年（一九二一年）四月である。

少なくとも三社によって、同一機種を競争試作させ、そのもっとも優れたものを選んで、技術の向上をはかろうというのがねらいだった。

国産戦闘機の量産を誓う

大正九、十年は中島式五型および横廠式ロ号甲型の生産で忙しかったが、十年後半になると陸軍最初の制式戦闘機ニ式24型（大正六年、陸軍がフランスから輸入したニューポール24C1、大正八年から所沢補給部支部でライセンス生産）の量産もはじめた。中島が陸軍から図面その他の資料をもらい受け、第一号を完成したのは大正十年七月であるが、同年度内に三〇機、翌十一年に四七機、合計七七機を量産している。なおニ式24型から甲式三型と改称されたのは十年十一月のことで、同機は陸軍最初の制式戦闘機であると同時に、中島にとっても初の量産戦闘機となった。

甲式三型の運動性は抜群で、この戦闘機を置いてある飛行場の上空では、くるくると派手

ニューポール24C曲技練習機

なアクロバット飛行がいつも展開されていた。第一次大戦で極限まで格闘技を追求したニューポールの、これは結晶的作品であったといえよう。この味を忘れ得ぬ当時の陸軍戦闘機パイロットたちは、性能を高め重くなってゆく後年の戦闘機に、なお苛酷な軽快性を付加させようとした。

　要するにこの甲三は、エンジンがわずか一二〇馬力、翼面荷重四二キロ／平方メートルの、現在でいえば軽スポーツ機で、最高時速も新幹線より遅い一六〇キロそこそこだから、旋回半径が四〇メートル前後というのも無理からぬ話だった。それでも、軍の要求はあくまでも強く、設計者はスピードと運動性という相反する二者融合に悩むこととなるのである。

　それについてはまたあとで触れるが、中島自身も甲三を手がけたことで戦闘機のもつ魅力のとりことなり、当分は外国のライセンス生産はしかたがないとしても、将来かならず国産戦闘機を量産して日本の空の守りにつかせようと誓ったのだった。それは一九二一年（大正十年）から翌年にかけてのワシントン軍縮会議で、米・英・日の主力艦トン数比が五・五・三（つまり一〇対三）

甲式三型戦闘機。ニ式24型より改称、中島初の量産戦闘機となった

と決められたことに対する、当時の国民的怒りもふくまれていたにちがいない。

大正十二年五月、飛行機製作経営に側面から援助する中島商事を姉妹会社として発足させた彼は、秋になって、さらに航空機用発動機工場を新設することに決めた。ちょうど関東大震災の直後で、交通上不便となる地域を目のあたりに見たため、工場設置場所には大いに気をつかったが、結局、東京府豊多摩郡井荻町上井草（現在の東京都杉並区）におちついた。

発動機工場がすべて完成したのは、大正十三年の秋で、フランスのローレン水冷式四五〇馬力、同四〇〇馬力、イギリスのジュピター空冷式四二〇馬力、同四五〇馬力などをつぎつぎとライセンス生産、また国産化して、日本の航空工業発展に寄与した。

なお、発動機の製作にもっとも早く手をつけたのは、東京瓦《ガ》斯《ス》電気工業会社（のちの日立航空機、大正七年五月、メルセデス・ダイムラー一〇〇馬力を製作）で、つぎは川崎造船所（大正九年からサルムソン二三〇馬力）、三菱重工（大正十年五月、イスパノスイザ三〇〇馬力）、中島、愛知時計電機会社（のちの愛知航

ハンザ・ブランデンブルク水上偵察機。中島と愛知で生産された

空、昭和二年七月からローレン四〇〇馬力)、石川島造船所(のちの石川島航空工業)の順になっている。

ニューポール29を中島が国産化

一九二〇年代、世界のどこにでも見られる飛行機といえば、イギリスのアブロ504練習機だった。その飛んでいる姿は、いかにもトンボのような繊細な感じを見る者に与え、ねむいような爆音もまたのどかに、大正時代の野外の風物詩であった。

ロータリー・エンジン(プロペラ軸中心に星型エンジンそのものが回転する形式)つきなので操縦性、安定性がよく、日本海軍もセンピル航空教育団のもたらした機材の中で最も気に入った。さっそくアブロ社から製作権を買い、中島と愛知時計電機航空機部(大正九年設立)にコピー生産させたが、大正十一年から十三年にかけてつくられた二五〇機はほとんど中島製である。

さらに海軍が、第一次大戦の戦利品としてドイツからもらったハンザ・ブランデンブルグW33水上偵察機(有名なハインケル博士の設計)を中島と愛知で国産化し、ハンザ式水偵と称して使われた(大正十一年～十四年)が、何よりも中島を喜ばせ感激させたのは、大正十二年に陸軍がフランスから輸入したニューポール・ドラージュ29C1複葉戦闘機の国産化を命ぜられたことである。

もちろん、当時は二式C1と呼ばれた。甲三よりはるかに力強くスマートな線をもった同機の改造型（スピード・レーサー）は、一九一九年（大正八年）十月二十日、初めて時速三〇〇キロを超える時速三〇二キロを出し、ついで一九二〇年十二月十二日には時速三一三キロの速度記録をつくるというように、第一次大戦で円熟したフランス航空技術のトップを示すものだったので、陸軍も甲三、あるいは丙式一型（スパッド13戦闘機）にかわる次期戦闘機として採用することにした。

スパッド13C1戦闘機。丙式一型として陸軍で制式採用された

そこで航空部は、中島を呼んで頼んだ。

「ニューポール社から製作権を買いとり、購入材料によって、できるだけ早く組み立てを完了してくれないか」

「今年中（大正十二年）には何とかやってみましょう。しかし新しいものずくめで大変だなあ」

「それは分かっている。でも制式化は間違いないし、機数も多いはずだ」

「どのくらい？」

「最終的には五〇〇機近くはいくだろう」

「ほう、そんなに。では、その収益と得た技術を、国産戦闘機の開発にふりむけましょう」

「たのみます」

陸軍航空部から出てくる中島の顔は、希望に満ちて晴れ晴れとしていた。——よし、必ず世界一流の国産戦闘機をつくってみせる。そして、つねに次期戦闘機をねらっていこう——。

その決意そのままに、甲式四型と命名されたニューポール29の試作第一号機は同年十二月に組み立てを終わった。直ちに第一次二九機の発注が行なわれ、量産ラインにのせられることになった。

木製モノコック（外皮とわくからなる張りガラ）構造の曲線整形で流線化されたスタイルに、三菱でライセンス生産していたイスパノスイザ水冷三二〇馬力（離昇）をつけ、最大時速二三二キロを出した甲四に、当時の国民は「新鋭戦闘機が日本にもある」と大きな信頼を寄せた。とくに操縦席の後ろの胴体をしぼって細くなった尾部に、イルカの尾のような垂直尾翼が流れる美しいラインは、ファンをぞくぞくとさせたものである。

戦闘部隊に支給されたのは大正十四年以降だが、低速時に横すべり、失速の傾向をもったのとエンジン故障（燃料ポンプ故障や気化器の水たまりなど）がよく発生し、墜落事故もかなりあった。やはり、水冷エンジンの不馴れが原因で、以降、中島はほとんど空冷星型エンジンを使用するようになる。

しかし陸軍で初めて七・七ミリ機銃二梃を採用し（海軍は一〇式艦上戦闘機が採用）、エンジン上部、操縦席風防前方に固定したが、この攻撃力を空戦でためすチャンスはついにこなかった。満州事変（昭和六年）、上海事変（昭和七年）に最初の外地派遣戦闘機部隊の主力として出勤したものの、敵機の来襲がほとんどなく、空中戦闘を交えることがなかったからである。

甲式四型にかわる新型機を

甲四は制式になった当時、列強の戦闘機とくらべて遜色《そんしょく》がなかった。アメリカのボーイングＭＢ３Ａ（トーマス・モースＭＢ３のボーイングにおける量産型）、イギリスのソッピース・スナイプ、フランスのスパッド13（丙式一型として採用）より総合性能で優れていたといえる。

中島の工作技術がまだ不完全だったせいか、国産化製作はフランスからの材料、部品で生産した分よりわずかに性能が落ち、戦技訓練するパイロットは尾翼を赤く塗ったフランス製に乗りたがったという。それはそれとして中島における同機の量産（ノックダウンをふくめて）は、昭和七年一月までつづけられ、合計六〇八機に及んだ。これは生みの親のフランスにおける生産より多く、「甲四は中島の米ビッ機」といいはやされたものである。なお、甲式、乙式という呼称は、大正十年十二月、陸軍の輸入機につけられたもので、甲式はニューポール、乙式はサルムソン、丙式はスパッド、丁《てい》式はファルマン、戊《ぼ》式はコードロン、己《き》式はアンリオとなった。エンジンもル・ローン（八〇馬力、一二〇馬力）、イスパノスイザ（二二〇馬力、三〇〇馬力）、サルムソン（二三〇馬力）というように、すべてフランス製でまかなわれていた。

大正十二年、所沢の陸軍飛行学校と陸軍航空本部補給部が協力して、甲式四型に対抗する校式二型という戦闘機を試作した。とても独自のものはできないので、サルムソン式偵察機のエンジン回りとスパッド式戦闘機の主翼をもとに設計されたが、やはりスピード、上昇力、運動性すべて甲四の敵ではなく、失格してしまった。

またこの年の二月、空母「鳳翔」の甲板にイギリス人ジョルダンが、一〇式艦上戦闘機（三菱製）で日本初の着艦に成功、吉良俊一海軍大尉も三月、日本人として初着艦に成功した（同大尉は同じ月に高度七一〇〇メートルの高度記録をつくる）。

朝日新聞社母体の東西定期航空会が東京～大阪間（浜松を中継）の定期飛行と貨物輸送業務を開始したのも大正十二年一月からであるが、その主力となった機体は、陸軍から払い下げられた中島式五型であった。

さて甲式四型も、制式となってから三、四年を経ると、だいぶ旧式化してきた。何しろ世界の情勢は、昭和年代（一九二六年～）にはいると戦闘機の最高時速が二七〇キロ前後に達し、マッキ39水上機などは、第九回シュナイダーカップ・レースで四九六キロのスピードを出して優勝している（一九二六年十一月）。

ニューヨーク～パリ間の大西洋横断飛行にしても、もう時間の問題になってきた（成功させたのはリンドバーグで、一九二七年五月二十日～二十一日）。

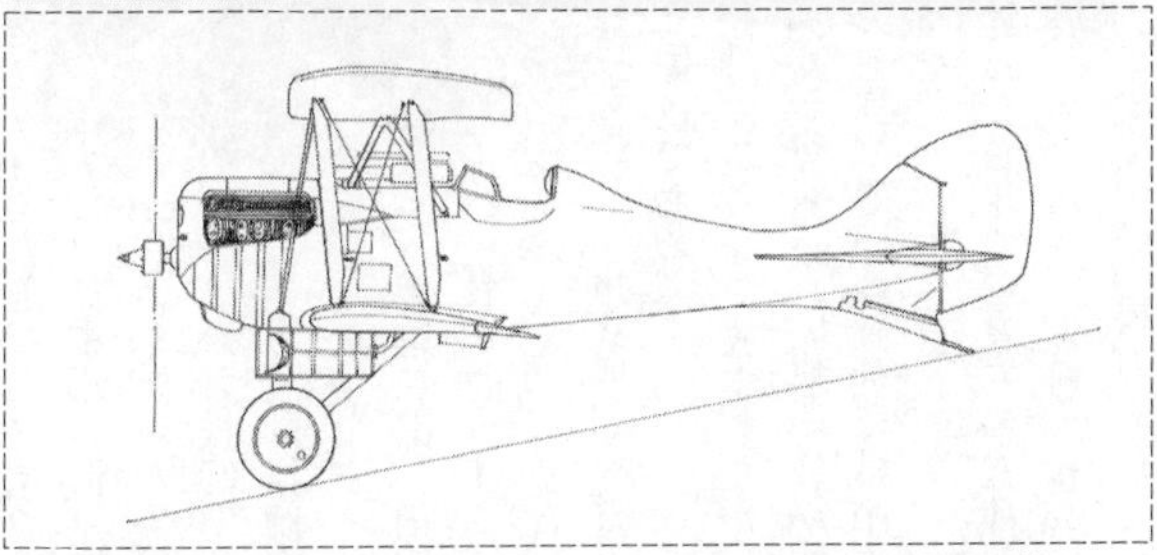

ニューポール29の製作権を買いとって生産された甲式四型戦闘機

いかに甲四がいいといっても、そろそろ交替期にはいったことを陸軍も感ぜずにはいられない。昭和二年四月、陸軍航空本部は、

「甲式四型にかわる最大時速三〇〇キロの新型単座戦闘機を試作せよ」

と、中島、三菱、川崎、石川島の四社に命じた。いよいよ国産戦闘機に対する最初のコンペチション（競作）が訪れたのである。

コンペチションに勝ち残る

のちには、陸海軍各機種に対してコンペチションが行なわれ、一つの受注に失敗しても他のものでまかなえるようになったが、初めてのコンペチションだから「もし、受注不成功に終わったらえらいことになる」

ブリストル・ジュピター・エンジン

と、各メーカーは不安だった。

まだ、世界に伍する戦闘機の設計に自信がもてない、いや無理だったときなので、各社ともフランス、ドイツから技師あるいは教授を招き、その指導のもとに若手の設計技師を協力させて仕上げることになった。

三菱はドイツのバウマン博士に仲田信四郎（主務者）、堀越二郎、田中治郎の各技師をつけ、川崎はドルニエ社のフォークト博士のもとに土井武夫技師を主務者にすえ、中島はニューポール社のマリー技師（29Ｃ１＝甲式四型の設計者）、ロバン助手を大和田繁次郎、小山悌両技師がたすけるという編成である。

四社のうち、石川島は設計する段階で放棄したが、これはラフな設計案を陸軍に提出したとき、いずれも低翼単葉か複葉または一葉半形式であったのを、明野飛行学校（戦闘機教育課程）パイロットの「下方視界の悪い戦闘機では困る」という意見のために設計変更を余儀なくされたことが原因だった。

あとの三社は直ちに設計しなおして、翌三年五月、試作一号機が出そろったときには、申し合わせたように下方視界のよいパラソル型の高翼単葉形式となっていた。三菱機（ＩＭＦ２「隼」）はイスパノスイザ水冷四五〇馬力エンジンをつけ、直線的構造ながら、なかなか

三菱隼戦闘機。強度不足により採用は見送られた

スマートな機体であり、川崎機（KDA3）もBMW水冷五〇〇馬力エンジンのドルニエ飛行艇を思わせる機体である。

ただ中島機（NC）は、ブリストル・ジュピター空冷星型四五〇馬力エンジンつきの、すべてが曲線的構成でまとめられた異色機だったが、マリー技師は「胴体燃料タンクを射抜かれたとき、それを緊急投棄できないで落命したパイロットが何人もいる」という第一次大戦の戦訓に忠実に、燃料タンクを落とすには都合よいが、いかにも複雑な主翼支持と脚構造を採用したのだった。

六月から、加藤敏雄大尉らにより所沢で審査飛行が行なわれた。一般飛行ではいずれもよい成績だったが、十三日、最終審査の急降下テストで最初に実施した三菱「隼」は、時速四〇〇キロのパワー・ダイブにはいると突然、主翼のはぎ取れる空中分解事故を起こして墜落した。テスト・パイロットの中尾純利《すみとし》（のち、毎日新聞社の世界一周機「ニッポン」の機長、戦後、東京国際空港長）は、前日習いおぼえたばかりのパラシュートで脱出、キャタピラー会員（パラシュート降下者の会）日本人第一号となっている。

このため、審査は一時中止となり、各社の機体の強度を調べてからということで、地上破壊試験が行なわれた。その結果、旧式の翼型を用いた三菱と川崎KDA3は強度不足、新式のNACA・N6翼断面を採用した中島NCのみ、機体を強化することによってどうにか使えるであろうということになった。

こうして中島NCが明野飛行学校へ回されて、テストされていたところ、翌四年八月十四日、時速四五〇キロで垂直急降下引き起こしに移ったとたん、主翼がふっ飛んでまたも墜落してしまった。テスト・パイロットの原田潔大尉は、からくもパラシュートで難をのがれたのである。

弟、乙未平をイギリスへ派遣

陸軍航空本部が中島NCに対し、改良と増加試作をつづけてゆくよう内示したのは、機体の面ばかりでなくエンジンの点でもよい印象を与えたからであった。つまり世界的に定評のあるイギリスのブリストル・ジュピター空冷星型エンジンを、みごとに国産化して、量産できる態勢を中島はとりつつあったのだ。

このジュピターのジュをもじって「寿」――コトブキ・エンジンが生まれ、つぎつぎにパワー・アップして戦闘機を主体とする軍用機、そして民間機に装着されていった。その信性は日本の航空エンジン中最高で、水冷（あるいは液冷）エンジンに悩む他の同機種を尻目にしたのである。

それにしても墜落事故のあったことは、かなりのマイナス材料で、陸軍航空本部員と中島の関係者の連絡会議の席上、

「陸軍の要求する性能の戦闘機は、現在の日本ではまだ作れないのではないか。まだ国産戦闘機をのぞむのは無理だろう」

という意見が出た。すると、中島知久平は立ち上がって、

「われわれの力で陸軍の要求どおりのものを、必ずつくるようにしてみせます。もし不成功でしたら工場を閉じる覚悟です」

と決意をのべた。みな圧倒されて、だれも異論をはさむ者はなかったという。甲三から甲四にすすんで、あと一歩のところで国産戦闘機を造り出すことができるという中島の執念が、このような強気の発言になったのであろう。

しかし、陸軍と公約した手前、もしNCが失敗したときのことを考えて、計画部長をしていた弟、乙未平に、

「すぐイギリスに行って、新しい戦闘機のライセンスを買ってこい。また優秀な設計者もつれてこい」

と命ずるとともに、大和田繁治郎、小山悌両技師には、

「NCの浮沈は君たちの腕にかかっている。改良して増加試作機をつくり、ものにしてもらいたい」

と頼んだ。乙未平は昭和四年九月、つまりNC墜落事故のあった一ヵ月後にはシベリア経由でイギリスに渡り、ブリストル「ブルドッグ」2A戦闘機(ブリストル・ジュピター四五〇馬力、最大時速二七四キロ)二機をライセンスごと購入、あわせてフリーズ技師とダン助手を

伴って、翌五年三月に帰ってきた。

二機のうち一機は、日本製の部品を用い、日本向けに改造して組み立てたので、中島式ブルドッグ戦闘機といわれている。これらは結局、NCの改良型が成功したため陸軍には提出されず海軍に回されることになった。

九一式戦闘機としてデビュー

NCの原型二機（試作第一号、第二号機）が墜落と強度試験で失われたので、その後のテストは試作第三、第四号機で行なっていたが、小山技師は空中分解墜落事故が主翼の支持方式と脚柱に関係ありとにらんで、マリー技師に打ち明けた。

「燃料タンクを投棄するのをやめにして、翼支持と脚支柱をふつうの方式に改めてくれないだろうか」

すると、自説をまげない、気むずかし屋のマリーは、

「それはだめだ。パイロットの安全を期さない飛行機にすることはできない」

と突っぱねた。さらに、

「事故は私の設計ミスではない。パイロットの操縦ミスだろう」

と言い張る。これではラチがあかないので、小山技師は独自の主張をとりいれ、主翼と脚の支持方法を変え、エンジン回りその他にも改造を加えて、試作第五号機に改変した。つまり、両翼支柱は、胴体直結で前後同じ長さとなった。また垂直尾翼の面積を増し、水平尾翼

も再設計して操舵性をよくした。

さらに、エンジンを完全国産化した中島ジュピター7型（のちの寿二型）に換えたから、原型よりも胴体前部がふくらみ、各シリンダーの後ろに整流器をとりつけるなどの整形手術がほどこされている。

その結果、強度は増す一方、運動性もよくなって逆宙返りをふくむアクロバットが軽々とできた。またスピードも、三菱が中島NCの失敗を見越しライセンス生産を期待したアメリカから輸入のカーチスP6A「ホーク」より一五キロ速く、最大時速三〇〇キロに達していた。

こうして試作第五号および第六、第七号機により、陸軍の要求をほぼ満たすことができて、昭和六年もおしつまった十二月下旬、ついに九一式戦闘機として採用されたのである（九一式とは、制式化された日本紀元二五九一年〈西暦一九三一年〉の下二ケタ、九一、をとってつけた呼称）。

ときあたかも満州事変の最中であり、旧式化した甲式四型にかわって急ぎ量産されることになった。それに先立ち、九一式戦闘機は翌七年一月八日、代々木練兵場で行なわれた陸軍始観兵式に姿をあらわして、国民の前にデビューしたが、そのときの情景を斉藤茂太氏の「飛行機とともに」（中公新書）から引用してみよう。

「地上部隊の行進に呼応して、百余機の大編隊が南方、つまり渋谷方面からウンカのよう

に黒々と上空を圧して通過する。砂ボコリで鼻の穴をまっ黒にして空を見上げる私の耳に、突如としてひときわするどい金属的な爆音がとびこんできた。あっと思う間に、編隊の最後尾にいた黒い豆粒のような三機がグーンととび出して、あれよという間に全編隊を追いぬいて先頭に出

てしまった。群衆の中から感嘆のどよめきと拍手がわきおこった。私は感激のあまりに全身にトリハダを生じていた。

地味な陸軍がこういう派手な演出をして、その素晴らしいスピードを市民に公開したのは、陸軍もよほどうれしかったとみえる。この飛行機がついひと月

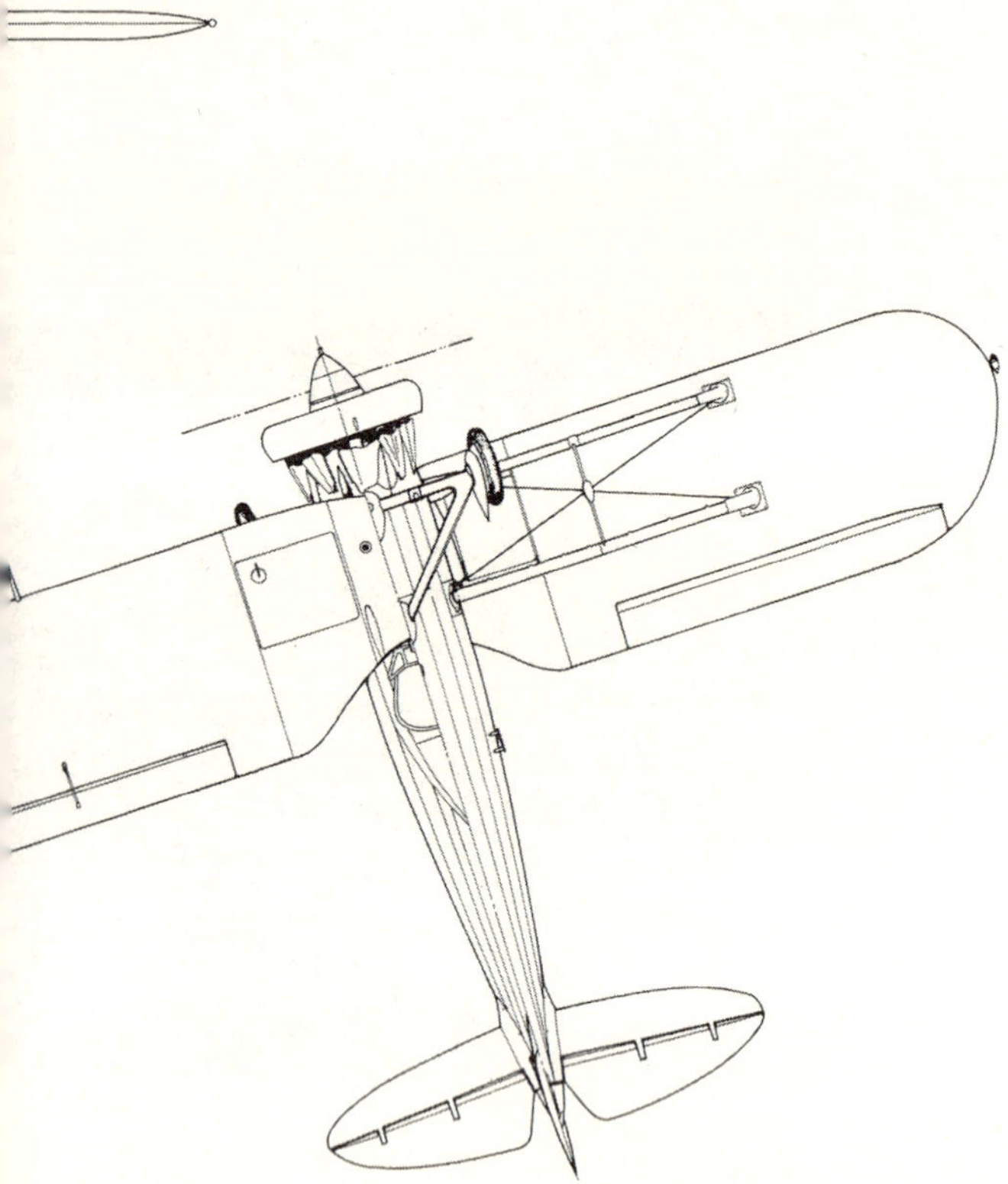

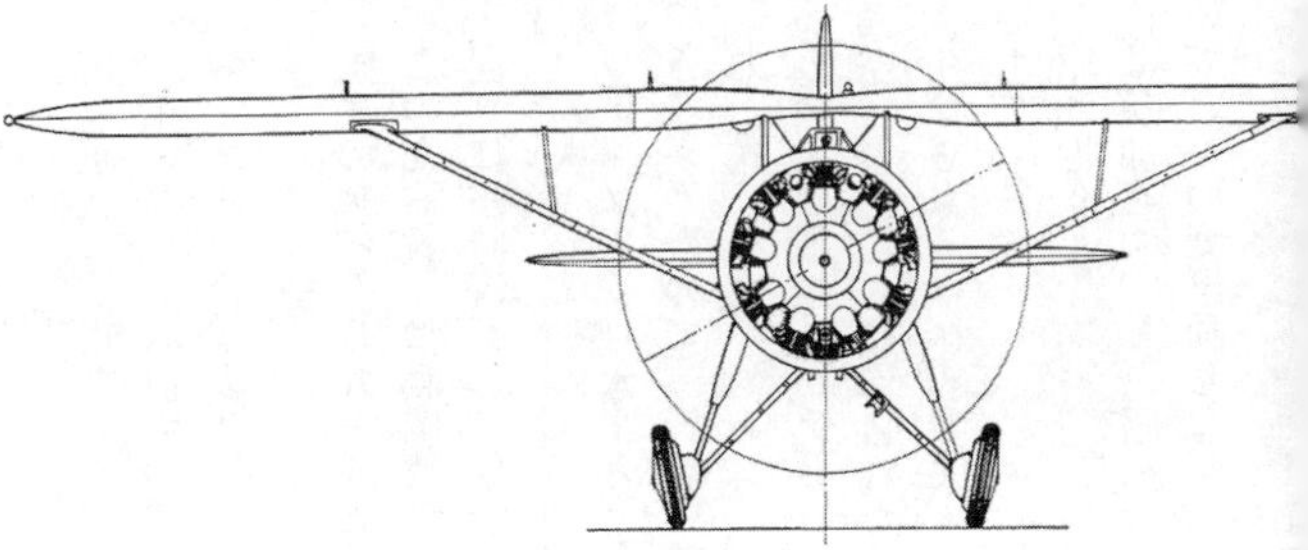

中島九一式戦闘機一型

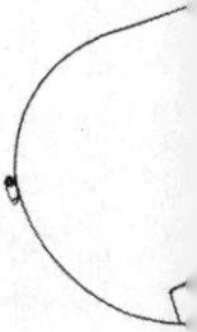

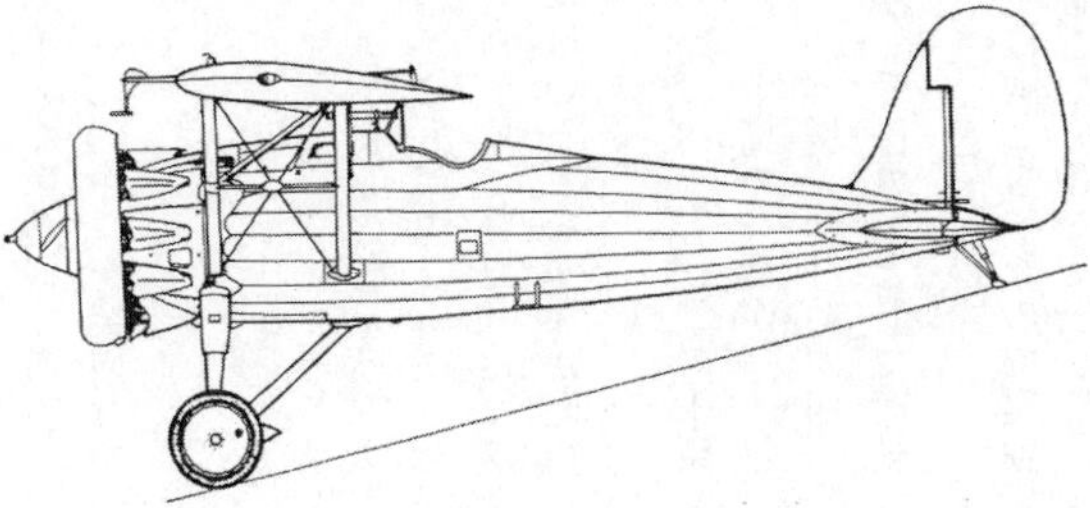

前に正式に採用された中島製の九一式戦闘機で、パラソル翼のスマートな単葉機である。従来のフランス設計の甲式四型に代る もので、陸軍機として初めて三〇〇キロを突破したのである」〈以下略〉

国民のアイドル九一式戦闘機

この九一式一型戦闘機は、NC試作第六号機と外形はほぼ同じで、エンジンの各シリンダー回りに当時流行していたタウネンド式カウリングをとりつけて、いかにも精悍なムードを出している。ファンばかりでなく国民のすべてが信頼と期待の目をもって見ていた。ただフラット・スピン（水平きりもみ）にはいりやすい傾向があり、これにはいるとなかなか回復できなかったので、経験の浅いパイロットからは気味悪がられた。

九一式二型は、エンジンを国産化の寿二型に換えた性能向上型で、プロペラも一型の木製から金属製調整ピッチとなったので、最大時速も三一〇キロになった。中島で一型が三二〇機、二型が二二機作られたほか、立川飛行機で一型（後期型）を約一〇〇機、合計約四四〇機生産され、全国の学生、生徒、団体、個人からの寄付でその多くが〝愛国号〟として献納されている。

昭和七年（一九三二年）一月の上海事変にも出動したが、間もなく停戦となったので実戦には参加せず、また昭和十二年の日中戦争でも、九五式戦闘機の出現により第一線をしりぞいていたので出動しなかった。期待された割りに空戦参加のタイミング悪く、その点で運の悪かった戦闘機といえよう。

それでも、一時は陸軍の全戦闘機隊――飛行第1、第3、第4、第6、第8の各連隊がすべて九一戦で編成されていたこともあり、九一式の翌年(昭和七年)制式となった川崎の防空用九二式戦闘機(KDA5)に対し、制空用戦闘機として国民のアイドルになっていた。つまりエンジンの信頼性に富むことから、飛行第5連隊の三機編隊による立川~八丈島往復長距離海洋飛行(昭和十年一月二十四日)、所沢飛行学校の三機編隊による日本一周飛行(昭和十年七月二十三日~二十四日、うち一機不時着大破)など長距離訓練飛行に用いられ、その性能を誇示したのである。

原設計がマリー、ロバンというフランス、ニューポール社の有名デザイナーだったとはいえ、やはり大和田、小山両技師の協力と改修がなければ、この一エポックを画した九一戦は生まれなかった。大和田はのちに取締役・太田製作所長となり、小山は技師長、三鷹研究所長、戦後は傍系の岩手富士産業社長となっている。

小山悌の起用と九一戦の開花

この小山技師が、二高(仙台)を終えて東北帝国大学工学部の機械科にすすんだのは大正十一年四月であった。まだ航空科が設けられていない時代だが、もしあったとしても、それに入ってはいなかっただろう。なぜなら、彼はまだ飛行機に興味を覚えていなかったからである。

昭和12年当時の小山悌技師

小山が飛行機、それも中島に関心をもつようになったのは、大学を卒業して理学部助手をつとめたのち、大正十四年十二月、東京中野の陸軍電信隊に一年志願兵として入隊したときだった。蒲田にいた叔父の家へ日曜外出で遊びにゆくたびに、

「飛行機の将来を見通して海軍をやめ、飛行機づくりに打ち込んでいる中島はたいしたやつだ。おまえも工学部機械科出身だから、彼の下で働くといいと思うが……」

といい聞かされた。叔父は中島と海軍機関学校の同期生で、機関少佐でやめたあと工場経営をしていた。この叔父の紹介で、彼は中島知久平に引き会わされ、除隊後の入社を約束したのである。そして、太田の中島飛行機工場にはいったのは、昭和元年十二月二十八日であった（二十五歳）。

中島にとって、フランス語にたんのうな小山の存在は貴重で、ニューポール、ブレゲーといったフランス系の設計に関する翻訳を頼むとともに、設計技術を習得させた。また彼も、思ってもみなかった新分野に、全身全霊を傾けて取り組む決心をした。その努力が早くも開花して、九一戦の成功につながったのである。

中島、陸海軍戦闘機を制覇

話が多少前後するが、大正十五年（一九二六年）四月、海軍は一〇式艦上戦闘機にかわる新型艦戦の試作を三菱、中島、愛知の三社に命じた。

三菱は前作一〇式を基礎にして発達させた鷹型、中島はイギリスのグロスター社に依頼してゲームコック戦闘機の艦上型ガンベットを日本式に改修したG型、愛知はドイツのハインケル社に委嘱したHD23戦闘機を改造した仮称H式を、昭和二年夏、それぞれ海軍に提出した。

ところが、三菱鷹型と愛知H式は、不時着水の時の揚力装置（浮力つき）、投下式の脚装置などを完全にしたため重量がかさみ、安定性がよくなかったのに対して、中島G型（グロスターの略）は、不時着水時の対策に十分さを欠いても操縦性、運動性ともに抜群で、射撃時の安定も申し分なかった。

そこで昭和四年四月、三式艦上戦闘機として制式機となり、はじめのジュピター6型エンジン（四二〇馬力）つき一号艦戦が約五〇機、つぎに寿二型エンジン（四六〇馬力）つき二号艦戦が約一〇〇機、計一五〇機つくられた。二号艦戦は昭和七年一月からの上海事変に出動し、中国空軍と空戦を交えて日本航空史上、最初の敵機撃墜機種となったのである（同年二月二十二日、蘇州上空で生田乃木次大尉指揮の三式二号艦戦三機が、アメリカ人教官ロバート・ショートの乗るボーイングP12戦闘機一機を撃墜した）。

中島ブルドッグ戦闘機。右から５人目の中折帽の人物が小山技師

この実績が、中島に大きな自信をもたせ、海軍がアメリカから購入したボーイングF２B戦闘機（プラット・アンド・ホイットニー四二〇馬力）およびボーイング100D（同P12Eの民間型）を研究資料に、吉田孝雄技師が設計主務となって新型艦上戦闘機の自主的開発を行なった。

このときちょうど、乙未平がNC（九一戦）のピンチヒッター用としてイギリスからブリストル「ブルドッグ」を購入して帰り、二機のうち一機を日本向けに改造していたので、中島社内ではこの中島式ブルドッグに対して、似たところのある吉田設計の試作艦戦を吉田ブルドッグ（NY）と呼んでいた。

さらにこれを改良して、昭和七年初め、海軍に提出、三式艦戦と比較したところ格段の性能向上が認められ、四月、ついに九〇式艦上戦闘機として制式採用となった（改良の担当は栗原甚吾技師）。

九〇艦戦には一型、二型、三型（いずれも寿二型四六〇馬力装備）の三種あり、ごくわずかの違いがあるだけである。運動性がいいだけでなく、スピードも最高時速約三〇

九〇艦戦の前の源田サーカスの隊員。右から２人目が源田実

〇キロ出て、日本人設計による最初の世界一流艦戦として注目された。国民からの献納による陸軍の〝愛国号〟に対し、海軍は〝報国号〟と呼ばれていたが、その多くはこの九〇艦戦であった。

また海軍航空のPRとして、源田、岡村、野村のトリオによる空中サーカス――いわゆる〝源田サーカス〟の最初の使用機も、やはりこの機体で、いろいろとその話題は尽きない。

これをさらに改良し、エンジンも中島の光一型六七〇馬力にパワーアップして昭和九年秋に完成、十一年一月に制式採用されたのが九五艦戦である（最大時速三五〇キロ）。

このような一連の海軍艦上戦闘機、および、甲式三型から四型、九一戦につながる陸軍戦闘機を受注して、中島は日本の一大戦闘機メーカーに成長した。大正末期から昭和初期にかけての陸海軍制式戦闘機独占も、中島の付け焼刃でない真の飛行機製作実力および、戦闘機にかける情熱から生まれたものである。

「中島飛行機株式会社」と改名

昭和六年、つまり中島が陸軍九一式戦闘機をものにする期間

川西航空機を設立した川西竜三

は、彼個人にとってもいろいろと事件の多い年であった。

まず一月二十日、彼は所長の座を弟の喜代一にゆずった。役職にとらわれずに大局的立場からフリーな助言をするためと、恩人の武藤金吉代議士病死（昭和三年四月）のあとをうけて昭和五年二月、群馬県一区から出馬し、初当選（四十六歳）して多忙になったために、この交替が行なわれたのであった。

しかし、中島飛行機製作所の所員たちは、みな知久平を「大所長」と呼んで、喜代一所長ともども慕っていた。彼の手腕と人間性は、人びとをひきつけずにはおかなかったのである。

ついで一月二十九日、彼は中島商事会社の社長も辞し、やはり喜代一を後任にすえた。

さらに十二月一日、同族会社としての富士合名会社を設立、同十五日、中島飛行機製作所を資本金一二〇〇万円の株式会社に改め、名も「中島飛行機株式会社」とした。

役員は、取締役社長・中島喜代一、常務取締役・中島乙未平、取締役・中島門吉、玉置美之助、佐々木革次、中村祐真、浜田雄彦、監査役・栗原甚吾、佐久間一郎で、ここに中島知久平の名がないのは、政治家が営利事業にたずさわらないこと、という主義を貫いたからであった。

なお、中島とタモトを分かった川西清兵衛、竜三親子は、その後、虎視耽々と営利的飛行機製作事業をねらっていたが、ついに昭和三年十一月、資本金五〇〇万円で川西航空機会社を創立、機体だけの海軍専門工場となった。こうした背景から、中島も対抗上、株式組織にする必要に迫られたわけである。

代議士も兼ねて忙しくなった中島だったが、立憲政友会に入党するとすぐ会計監督、群馬県支部長、東毛《とうもう》政友倶楽部の会長につぎつぎと選ばれ、さらに六年十二月十三日、犬養内閣の商工政務次官に懇望されて就任、相当の激務となってしまった。それで彼の活動も、飛行機面は弟の喜代一社長にほとんどまかせ、政治面を主体とすることになる。

中島飛行機の陸軍戦闘機生産における地位を不動とした九一式戦闘機以後の開発物語については、もっぱら中島という呼び方が知久平個人をさすのではなく会社全体をいうものと解釈していただきたい。

4 九七戦で地盤を築く

日本に、本格的定期航空輸送事業が開始されたのは、昭和四年（一九二九年）七月十五日からで、使用機は、アメリカ製のフォッカー・スーパー・ユニバーサル六人乗り単発旅客輸送機であった。

「日本航空輸送株式会社」は、この機体を一〇機購入して、東京〜大阪〜福岡を、約六時間に満たず運航した。汽車が東京〜大阪間を一二時間かかって結んでいた当時としては、たいへんな交通の革命だったのである。

また、いまはぶかっこうに思えるフォッカー機のスタイルも、昭和初期の目から見れば、まことに新鮮な感覚を与え、会社マークの天女がよく似合っていた。東の基地だった東京の飛行場は、創設当時はまだ羽田が完成しておらず、立川の陸軍飛行場（飛行第5連隊）を借用していた。

左より菊池寛、直木三十五、横光利一、池谷信一郎の各氏

国産旅客機第一号完成

昭和五年のある日、日航のフォッカー旅客機に菊池寛、直木三十五、横光利一、池谷信三郎の作家諸氏が体験飛行を行なった。

「飛行機も便利になったものだな。お客をこんなに大勢運べるなんて……」

と菊池が感心すると、

「欧米じゃ、この三倍も四倍もある旅客機が飛び回っているんだぞ」

とハイカラな横光がしたり顔にいう。すると直木は、

「空中では書けんと原稿用紙を置いてきてしまったが、これほど平静なら持ってくりゃよかった」

と残念がった。流行作家も珍しがった当時の飛行風景である。

フォッカー・スーパー・ユニバーサル機（ジュピター6・四二〇馬力一基、最大時速二三五キロ、巡航時速一七〇キロ、航続距離一〇〇〇キロ）はその後、何機分かの部品が到着し中島で組み立てられたが、航空局はさらに中島における国産化を命じた。

創立したとき、まず民間機を手がけた中島飛行機にとって、純国産ではないにしても定評ある実用旅客機の国産化は、願ってもないチャンスであると同時に、N36輸送機のとむらい合戦と感じたのである。

テスト飛行中に墜落した中島貨客輸送機ブレゲーN36

このN36というのは、大正十五年（一九二六年）二月、逓信省航空局の国産旅客機懸賞試作に応募し、昭和二年四月に完成した貨客輸送機だった。フランスのブレゲー28～36旅客機を基本にジュピター四二〇馬力をつけて、昭和三年（一九二八年）五月三日に初飛行し、翌四日、満席状態テストのため加藤寛一郎飛行士が工員七人をのせて尾島飛行場を離陸したところ、どうしたことか、高度一〇〇メートルからまっさかさまに墜落、全員惨死するという事故を起こしてしまった。

実をいうと小山もこのときいっしょに乗るはずであったが、すでに満席になっていたのであきらめ、下で小用中にこの事故を目撃したという。

ちょうどマリー、ロバンのNC戦闘機第一号機が完成したときだったから、この民間航空はじまっていらいの大事故も、中島所員たちの悲痛なこらえによって乗り越えたのであるが、いつの日か完全な旅客輸送磯を量産して、亡き仲間をとむらってやろうというのが彼らの合言葉であった。

そこへフォッカー機の国産化と量産の話だから、一同大いに張り切ったのも当然であろう。幸い木製骨組み合板張りの技術を甲式四型で経験ずみだったので、仕事は非常にスムーズにゆき、国産第一号機は昭和六年三月十八日に完成した。ジュピター6エンジン付きの生産型と、寿エンジン付きの生産型があり、太田製作所で十一年十月までつくられた。日航用約四〇機、陸海軍用（患者輸送機など）数機の合計四七機である。このほか陸軍用の九五式二型機上作業練習機（キ6）として二〇機もあったことは、同機の稼動性のよさ、使いやすさをよく物語っているであろう。

昭和八年二月、満州国の治安維持のため、関東軍は熱河作戦を行なったが、このとき満州航空株式会社のフォッカー・スーパー・ユニバーサル旅客機（中島における国産化分）一二機が航空輸送隊（隊長・島田隆一中佐）として徴用され、物資輸送、物糧投下、患者輸送に活躍した。このとき軍属部隊の間にうたわれた串本節の替歌を紹介しよう。

一、朝は早うから晩まで
　飛びましょう
隊長さんの名前が島田だもの
あらよいしょよういしょ
よいしょよいしょよいしょ
二、フォッカー彼女は

きのうもきょうも
らま塔慕うて通い行く
あらよいしょよういしょ
よいしょよいしょよいしょ

陸海軍機の純国産宣言

制空用の九一式戦闘機と防空用の九二式戦闘機は、大陸に進出しようとする日本陸軍の花形であった。世界水準並みの性能、カッコよさが、表向き地味な陸軍に活を与えた。

しかしそのころ、対外的にはロンドン軍縮会議（昭和五年）のあと、満州事変、上海事変、そして満州国建国とそれに対する国際連盟の反発とつづき、国内的にも井上前蔵相暗殺（昭和七年二月九日）、団琢磨射殺（同三月五日）、犬養首相射殺（五・一五事件）など、テロ事件が発生して世情騒然、軍事力の少数精鋭化を求める声が高まってきた。

それを具体化させた一つが、海軍航空本部長の松山茂中将と同技術部長の山本五十六少将の「海軍機は今後、わが国の設計者によって、すべて純国産でまかなう」という方針であり、陸軍もこれと同じ趣旨で行なうことになったのである。

日本の各飛行機会社の設計者も、そろそろ飛行機設計のコツを覚えてきて、一本立ちできる態勢にはいっていたが、まだ何から何まで国産でいくには心もとないところもある。しかしこの際、設計を外人にたのむことなく、とにかく日本人だけですべてをやってみよう、というわけであった。

そこで陸軍では、昭和八年（一九三三年）から計画された陸軍機には、試作、制式を問わず、すべて「キ」「ハ」の番号制を採用した。「キ」は機体のキで、キ○と呼び、「ハ」は発動機のハで、ハ○と称する。のちにグライダー（空挺隊用その他）にはク番号がつけられた（キの第一号、キ1は三菱の九三式双発重爆に与えられた）。

中島九五式艦戦の採用

最大時速三三五キロ、高度一万メートルの記録を出し意気上げた九二式戦闘機を改良して、さらに高性能のものができないかと、陸軍が川崎に命じたところ、昭和九年二月、逆ガルタイプ型の低翼単葉という、きわめてユニークな戦闘機キ5を提出してきた。しかし、川崎はまだドイツのフォークト技師（ドルニエ社）のお世話になっていて、土井武夫技師が設計主務者であった。

キ5はハ9・八〇〇馬力水冷エンジンによって、実に時速三六〇キロのスピードを出したが、運動性がぐっと悪く陸軍のお気に召さなかった。少しでも運動性を増そうと、川崎では増加試作ごとに逆ガルタイプになった中央翼の下反角をへらし、四号機ではとうとう水平にしてしまったが、やはり不合格とされている。

これより前、三菱でも準逆ガルタイプ（中央翼上面は、外に向かって下がり、翼下面は水平になっている）の低翼単葉、七試艦上戦闘機を試作、昭和八年二月に完成させたが、性能不足で不採用となった。さらにこの経験を生かして完全逆ガルタイプ翼とした九試単戦にいどみ（昭和十年一月完成）、ほぼ成功して、九六式艦上戦闘機の原型とすることができた（ただし、九六式の中央翼を水平にして採用された。当時、逆ガル型は安定性に問題があったのである）。

海軍最後の複葉機となった中島九五式艦上戦闘機

中島でも三菱の七試艦戦といっしょに海軍に提出したのが、九一戦を改造した中島七試艦戦で、エンジンは寿五型、プロペラは金属性の三枚となり、やや近代化された。また九試単戦も、キ11（あとで述べる）という、陸軍に出して不採用となったPA改（中島側呼称）を間に合わせたため、いずれもはねられてしまった。

中島としては、九〇艦戦の性能をさらにアップできる見通しがあったので無理に新型機を試作する気持ちも、また余裕もなかったようである。そして中島の思惑どおり、最大時速を九〇式の一五八ノット（二九〇キロ）から一九〇ノット（三五〇キロ）にあげ、各部を改良した九五式艦戦が採用になった。これは海軍最後の複葉戦闘機となる。

陸軍用複座戦闘機の開発に挑戦

一九三〇年代の前半、欧米各国では、複座戦闘機に対す

陸軍用に中島が自主的に開発した試作キ８複座戦闘機

る研究がさかんになった。爆撃機を攻撃するのに、前方直進だけの単座戦闘機にばかりまかせず、後方旋回銃をもった複座、あるいは多座戦闘機で、敵の死角をねらって攻撃したほうが効果的である、と考えられてのことだった。

そこでつくられたのが、イギリスのホーカー・デモン、アメリカのカーチスＦ８Ｃ、バリナー・ジョイスＢＪ・Ｐ16、グラマンＦＦ１、スウェーデンのユンカースＫ47などで、当時、科学雑誌の口絵をこれみよがしに飾っていた。

日本はスパッドＳ11型、丙式二型という陸軍複座戦闘機があったあとしばらく途絶えていたが、世界の流行におくれまいと、海軍は二種の試作を中島と三菱に命じている。中島のは六試艦上複座戦闘機、三菱のは八試複座戦闘機といい、ともに単発複葉型式である。しかし、陸軍ではとくに研究しようとしなかったので、中島は自発的に、陸軍用複座戦闘機を開発しようと、大和田繁次郎が主務となって設計をはじめた。

これがキ８複戦（寿三型、五四〇馬力）といわれるもので、昭和九年三月から翌十年五月までに、合計五機を製作した。いわゆる正統派の複戦で、川崎キ５、三菱の七試、九試両戦闘機に用いられた、やはり世界的流行の、低翼単葉逆ガルタイプ主翼を採用している。

さらに、主翼を中島初の片持式全金属製テーパー式とし、胴体も進歩的全金属製モノコック構造、脚は引っ込まないがスパッツ（整流覆い）つき、それにヒレつき尾翼という新型式であったから、当時の世界の複戦とくらべて少しも劣らないばかりか、もし制式となれば大きな話題となったであろう。

昭和９年11月に完成した中島飛行機太田製作所

残念なことに、垂直尾翼、昇降舵、補助翼が吹っとぶという空中分解事故が三度もあったため、強度と安定不足を理由に陸軍側の審査は打ち切られた。運動性は九一式戦闘機と同程度だったというから、陸軍が消極的だったのは機体よりも、複戦の運用思想に疑問をもったことにあるらしい。
のちに中島が、双発の二式陸上偵察機（海軍）を夜間複座戦闘機とし、川崎がキ45双発複座戦闘機（陸軍）を二式複戦とし、いずれも斜銃を固定して活躍させたが、キ8とは根本的に性格を異にしている。
中島が戦闘機の新分野にかけた情熱を、不発に終わらせてしまったことは惜しまれる。

なお、昭和九年三月二十七日、中島知久平は政友会の顧問となった。政界進出の夢が着々と実行に移されていくと同時に、同年十一月一日には、群馬県太田町東端に建設中だった太田製作所も完成した。ここに本社、機体工場の大部分を移し、同年十六日、天皇も陸軍特別大演習のお帰りにこの工場をご訪問になっている（旧工場は呑竜工場と呼ばれることになった）。

P26が与えた強烈な印象

昭和九年（一九三四年）といえば、世界の飛行機はそろそろ低翼単葉型式に移りはじめたときであるが、戦闘機の分野でアメリカのボーイングP26戦闘機がまきおこした波紋は大きかった。

ボーイング試作機が完成したのは、一九三二年（昭和七年）、制式機となったのが翌年だから、日本ではまだ九一戦、九二戦、九〇艦戦の全盛時代であった。張索支持の低翼単葉、ズボン・スパッツの脚など、その後の片持式（支柱や張線のない一枚翼）引込脚とくらべれば、まだアカぬけないが、その精悍なスタイルに、

「こいつに襲いかかられたらかなわない」

と、寒気を覚えたパイロットは多かった。上海事変のとき、空母「加賀」所属の三式艦戦が、アメリカ人パイロット、ロバート・ショート操縦のボーイングP12戦闘機を撃墜したのは当然としても、このP26に複葉戦闘機では勝ち目はなさそうな気がしたのである。

日本海軍はいつものごとく、三井物産を通じて、この輸出型の購入手続きをはじめた。しかし、ちょうどリットン報告で、日本の満州経営が「侵略」ときめつけられ、さらにロバート・ショート事件などもからんでアメリカ人の対日感情がよくなく、ボーイングから売却を断わられてしまった。

各国の戦闘機開発に影響を与えたボーイングP26戦闘機

プラット・アンド・ホイットニー五二五馬力空冷エンジン一基を備え、最大時速は三七八キロ、上昇時間三〇五〇メートルまで五分六秒、上昇限度八三五〇メートル、七・七ミリ機銃二梃であるが、運動性はそれほどよかったわけではない。

いずれにしても、P26は各国の戦闘機開発に、大なり小なりの影響を与え、これを購入できなかった日本でも次期戦闘機に形式的な流れを汲ませている。中島のキ11単座戦闘機、三菱の七試艦戦がそれである。

このキ11は、九一戦、九二戦の次期戦として川崎に試作させたキ5を不採用にした陸軍が、昭和九年九月、あらためて川崎にキ10を命じるとともに、中島にもキ11として競争試作に参加させたものだった。

中島は、井上真六技師を設計主務として、小山悌技師が全般的な指導にあたり、どのような設計方針でのぞむかを協議した。

試作キ11戦闘機。Ｐ26に外見が似ているが中島独自の設計であった

「キ10は情報によると、九二戦の改良型でのぞむらしい」

と小山が口を切ると、

「川崎さんはキ５（低翼単葉）でこりているので、この場を切り抜けるのでしょう」

と井上も同じ見解だ。

「やはりこちらはＰＡ実験機と同じ低翼単葉で進めよう」

「もし旋回性がキ10より劣っても、スピードさえ優れていれば、あとから手を加えて、改良できるはずです」

「それに寿エンジンつきならば、ＢＭＷ（川崎のドイツから導入した国産化水冷エンジン）をしのげるからなあ」

「とにかく、ＰＡ実験機を急ぎ完成させましょう」

こうしてキ11にすでに自発設計を開始したＰＡ実験機をあてることに決まったが、これはＰ26を買ってコピーしたものでもないし、外人技師にたのんだのでもない。それなのにＰ26に外見がよく似ているのは、小山、井上、太田らの技師たちが、その写真に接したとき、いかに強烈な印象を植えつけられたか、そして低翼単葉機を設計するときその影響を受けてしまったかを物語る。

中島キ11試作戦闘機の特徴

実をいうと、小山も井上も、張線を使わない完全片持式の低翼単葉機としたかったのであるが、キ8複戦より小型のPAの場合、主翼に十分の強度を持たせようとすると厚くなり、抵抗がひどくふえるため、やむなく張線支持式となった。また、技術的に脚の引き込みもできないズボン・スパッツ型となり、多くの点で脳裏に焼きついたP26と、外観が類似してしまったというわけである。

しかし構造的には、まったく独自の立場で行なわれた。そのおもな特徴は、

1、胴体は、空気力学的にすぐれた円形断面の全金属製モノコック構造とし、風防の後方は垂直安定板にいたるまでなめらかなヒレをつけ、空気抵抗の減少をはかった。

2、胴体と基準翼は一体構造とし、翼付根にフィレットをつけて整形、干渉抵抗を少なくするようにつとめた。

3、主翼は、鋼板製の主ケタに木製リブを組み合わせ、前縁部と基準翼は合板張り、他は羽布張りとした。外翼（中央翼より左右の外方翼）取付部は半片持式構造で、外翼の上下に鋼鉄線（上三本、下四本）を張り、十分な強度をもたせた。当時としては、これが最上の方法であった。

4、尾翼は全片持式の楕円翼で、木金混製とした。

5、主脚はオレオ緩衝装置のズボン・スパッツ式で、基準翼に取り付けられ、鋼管製骨組

川崎の試作キ10戦闘機。後に九五式戦闘機として採用された

の支柱は外翼からの張線の取付支柱ともなっている。

というようなものだが、全体的にP26よりやや大きくなり、空気抵抗の減少という点でも配慮がゆき届いて、性能はよくなった。

試作第一号機の完成が昭和十年（一九三五年）四月で、P26（一九三三年十二月）より一年近くあとであるから、これは当然であろう（エンジンは、寿三・五五〇馬力）。

社内飛行で最大時速四二〇キロ、上昇力も五〇〇〇メートルまで六分九秒というよい成績をあげ、運動性の不足を補えるであろうと中島陣は余裕綽々であったが、キ10をかかえた川崎陣は、もう張りつめた気分でピリピリしていた。

というのは、九二戦の生産終了後、九三式単軽爆撃機（キ3）の生産をはじめたところ、エンジン故障が続発して製作を打ち切られ、経営はピンチを迎えていたのだ。そこで、キ10の機体は土井武夫技師を主務に、井町勇技師を補佐、エンジンは築山、西島、田中各技師が担当し、総力をあげて設計試作にのぞんだ。余裕がまったくないので、キ5の改良発展をやめ、九二戦を進化させて一葉半とし、中島のキ11に少しでも迫るため全面的に沈頭鋲（鋲の頭が機体表面からとび出さずになめらかなもの）を用いたり、徹底的重量軽減を策した。

「キ10が採用されなければ、川崎がつぶれる。何が何でもキ11に勝たなければ……」

という悲痛な心境であったわけで、エンジンのハ9Ⅱ甲（BMWの国産化）が相変わらず調子よくないと知るや、係員をつきっきりで整備させるという涙ぐましい努力をみせていた。

審査に割り込んだ三菱キ18

キ10、キ11両機に対する審査は、昭和十年七月から立川航空技術研究所その他で行なわれたが、陸軍の戦闘機に対する方針があくまで運動性を重んじ、高度の格闘戦に固執していたことで、川崎キ10はスピードにまさる中島キ11をおさえて勝つかにみえたが、ここに一機、飛びこみが出現してなりゆきをむずかしくした。

それはキ18といって、三菱の海軍向け九試単戦を陸軍用に改修したものであった。九試単戦の令名はかなり高く、陸軍としてもほうっておけないなりゆきだったので、キ10、キ11の間に割ってはいらせたのである。

もちろん、陸軍は海軍の了解を得て進めたのであるから、三菱としては、

「陸海軍戦闘機を一人占めにしている中島の鼻をあかす、絶好のチャンスだ」

とばかり張り切って、二社の審査がはじめられた一ヵ月後、十年八月にキ18を完成、納入してしまった。

しかし、急を要する次期戦闘機の決定には間に合わなかったので、陸軍はとりあえず川崎

九六式艦上戦闘機の前身である三菱九試単座戦闘機

キ10に軍配をあげ、九五式戦闘機として制式に採用した。

キ18はひきつづき立川の技研および明野飛行学校で審査され、翌十一年初め、エンジンを寿三型に換装してテストしたところ、着陸事故をおこしてこわれてしまった。

技研では、高度三〇五〇メートルにおける最大時速四四四・八キロ、高度五〇〇〇メートルまでの上昇時間六分二五秒という好性能を認めながら、安定性、操舵性、エンジンの信頼性に「検討の余地あり」として保留にした。一方、明野は「成績優秀」と判定して採用を求める。妙な立場に立った同機に対し、航空本部は、

「性能不十分につき、改めて三社の競争試作を実施するまで本機を不採用とする」

と決定を下した。おこったのは三菱である。

「キ11よりも高速で、また運動性もキ10と大差ないと認めていながら、この決定はなにごとか、せっかくキ18として提出せよといっておきながら……」

と、大いに不満をもらしたのであった。こうした感情的なもつれもあって、これよりあと、三菱は海軍の艦上戦闘機を、中島と川崎は陸軍の戦闘機を主として請け負うようになってい

る。

三菱の九試単戦（キ18）に対する溺愛ぶりを伝えるエピソードであるが、のちに漢口基地で九七戦（キ11の後身）を率いて迎撃戦闘に従事していた今川一策中佐は、同じく九六艦戦（九試単戦の後身）の海軍戦闘機としばしば模擬空戦を陸海共同で行なって、そのときの感想をつぎのように述べている。

「率直なところ、九七戦のほうが九六艦戦より速度、上昇力、格闘性ともまさっていた。これは陸海双方のパイロットの一致した意見で、われわれは大いに鼻が高く、海軍側からうらやましがられたものである」

世界の情勢は低翼単葉スピード優先

立川における審査には敗れたが、キ11に対する評判は悪くなかった。

「P26に似ているが、低翼単葉となると、オレはこいつに魅力を感じる」

「ぼくもスピードを第一にとる。敵より一歩先んじるために……」

「しかし近接戦闘となれば、運動性が悪かったらおしまいだ。キ10が最後の勝利をかちとるよ」

「まだ低翼単葉は早いよ。みろ、この張線を。飛んでいると、まるでサイレンのような音を出す。何だか不安な感じだ」

「とにかく、もう低翼単葉の時代にはいっているんだから、先取りしておかなきゃ負けてしまうぞ」

たしかにそのころ、ドイツのメッサーシュミットMe109、ハインケルHe112、アメリカのカーチスP36、セバスキーP35（リパブリックの前身）、イギリスのホーカー「ハリケーン」などの低翼単葉戦闘機が続々と誕生し、最大時速五〇〇キロのラインに迫っていたのだ。ホーカー「ハリケーン」などは一九三五年末、五〇四キロをマーク、翌年のスーパーマリン「スピットファイア」になると、レーサーから発達したこともあって、五三〇キロを上回る好性能を示した。

日本の戦闘機というと、陸軍九五式戦闘機が時速四〇〇キロ、海軍の九五式艦上戦闘機が時速三五〇キロで、ともに運動性でカバーするといっても時代おくれの感はいなめず、ようやく三菱の九試単戦と中島のキ11がそれぞれ時速四五〇キロ、時速四二〇キロに達したところである。

運動性、旋回性を重視していた日本陸海軍の軽戦思想は、一撃離脱に向かいつつある世界の重戦思想と、このころから食いちがいはじめたということができよう。もしキ11がキ10にかわって制式化されていたら、陸軍航空のあり方も相当変わっていたのではないかと思われる。もちろん、過去に「イフ」は禁物であるけれども……。

実力を示した試作四号機（AN1）

たとえ敗れたりとはいえ、中島の面々はそれほどのショックを感じなかった。これを改良発達させれば、必ず次期戦闘機を制することができる、という自信にあふれていたからである。

「川崎さんもピンチだったから、この場はしかたなかろう。むしろこんどは、張線のない完全片持式にしたPE実験機をつくってテストし、提出するようにしよう」

と、余裕のある希望に満ちていた。

PEとは、試作されたキ11四機のうち、一、二、三号機が次期戦闘機設計のための研究機材でPA、四号機が開放式風防を密閉式（スライド式）にしてPB、もう一機、海軍向けに九試単戦（三菱の九試と競作）として提出したものをPCと呼んで、その後のPEすなわち次期戦闘機の原型というわけである。

なお、PA、PBを東南アジア各国に輸出しようと、代理商社を通じて働きかけたが、やはりアメリカ、イギリス、フランスの同地方における実績、販売力の敵ではなく、また日本の戦闘機に対する不安材料やPR不足などもあって成功しなかった。ボーイングP26のほうは、フィリピン、中国などにかなり売り込まれていたのをみると、やはり国力の差をつくづくと感じさせられる。

密閉スライド式座席のPB（四号機）は、当時〝航空の朝日〟で自他ともに許す朝日新聞社が買い取り、高速通信機AN1として使用した。これは昭和十二年三月、亜欧連絡飛行用の三菱「神風」号が出現するまで、日本最高速の民間機として活躍した（最大時速四三〇キロ）。

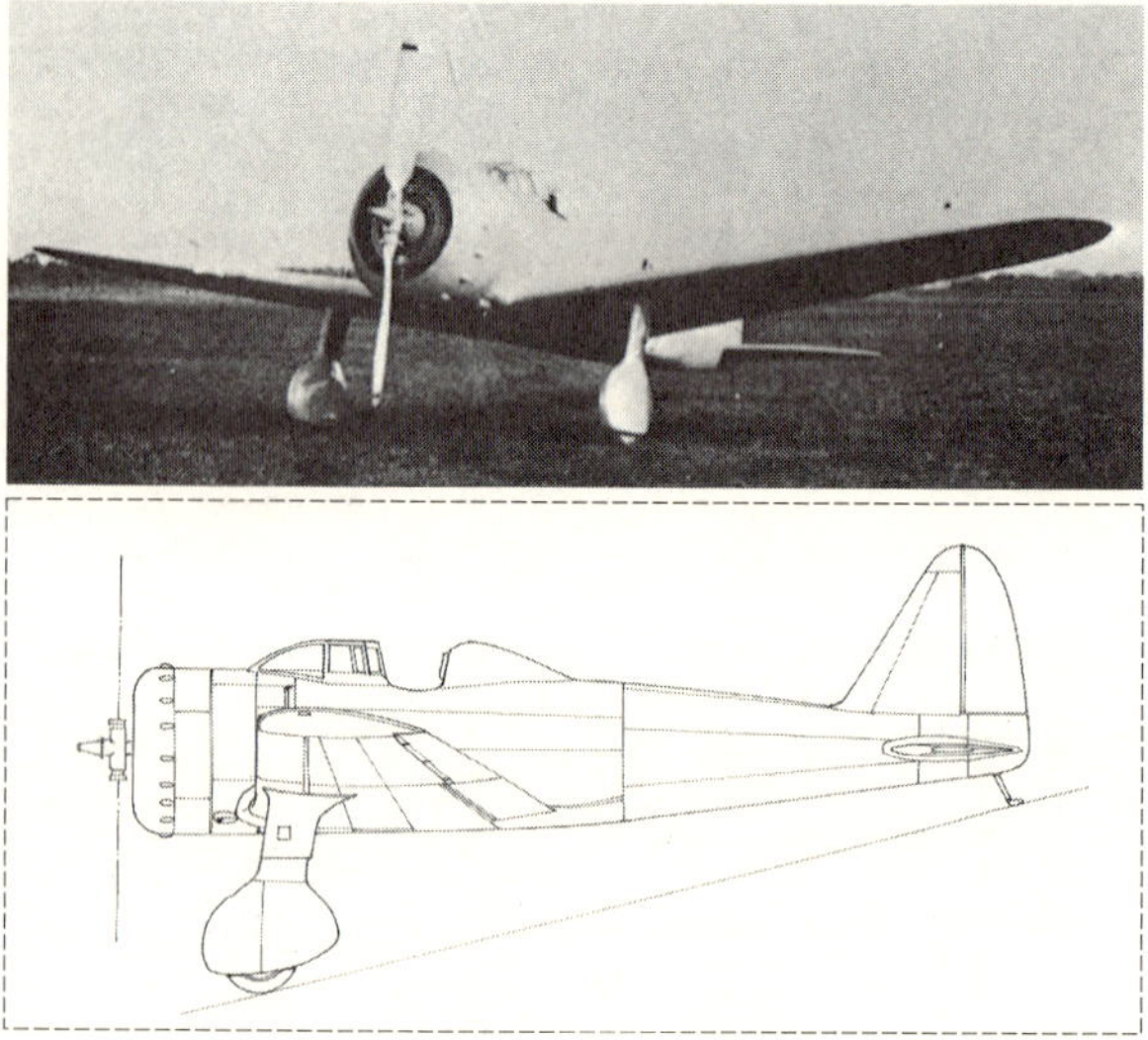

試作ＰＥ実験機。昭和11年7月１日に完成した

すなわち、昭和十年十二月三十一日、新野操縦士によって東京～大阪間四二五キロを一時間二五分で、さらに翌十一年三月一日には、飯沼操縦士によって大阪～東京間を一時間二〇分で翔破し、同コースのスピード記録を更新している。

さらに昭和十二年五月、「神風」号の亜欧連絡飛行一ヵ月半後、ミケレッチとともにパリから東京に向かい、惜しくも高知海岸に不時着負傷したフランスの名パイロット、マルセル・ドレ（昭和十年にもドボアチーンD510戦闘機とともに来日）は全快後、このAN1に乗ったところ、

「これはすばらしい機体だ。欧米の戦闘機よりスピード、運動性の兼ね合いですぐれている。なぜ日本陸軍

はこれを採用しなかったのだろうか」と讃嘆したという。彼は同年九月、羽田で行なわれた航空ページェントにゲストとして参加し、AN1に搭乗して超低空曲技飛行を演じてみせた。ドレの細心にして豪胆な操縦ぶりと相まって、国産中島機の優秀性を観衆はつくづくと感じたのであった。

キ27原型PEに施された新設計

キ11が審査にもれたあと、中島の設計部門は陸軍部と海軍部に分けられた。その陸軍部における最初の仕事としてPE実験機の構想が練られ、設計もはじめられたが、追いかけるように昭和十年十二月、陸軍は次期戦闘機のコンペチションを指示してきた（正式発令は十一年四月）。中島のほか三菱、川崎の三社に対してであるが、やはり国際情勢の緊迫化から、低翼単葉の高速機を求めてきた。その条件は、

1、低翼単葉、単発単座戦闘機。
2、最大速度、時速四五〇キロ以上。
3、上昇力、五〇〇〇メートルまで六分以内。
4、七・七ミリ機銃二梃装備。
5、可能な限り重量を軽減し、近接格闘性能をよくすること。

という苛酷なものである。陸軍（および海軍）では、世界の戦闘機のビジョンが重戦主義に向かっているというのに、相変わらず軽戦思想を捨て切れないのであった。その原因とし

九七式戦闘機の変遷課程

キ27試作第１号機

ＰＥ実験機の延長で，エンジンはハ１甲650(710)馬力。全幅10.40m，主翼面積16.4m^2，全備重量1360kg，最大速度457km/h，開放式風防で，前面風防を前に長く伸ばして眼鏡式照準器を完全に覆っている。昭和11年10月に完成。のちに主翼を17.6m^2のものに換装し，最大速度は470km/h となった。

キ27試作第２号機

エンジンは１号機と同じだが，主翼面積18.6m^2のものを使用。取付角２度で，１度30分のねじり下げ角を与えて低速時の失速を遅らせるようにした。昭和12年２月完成し，陸軍の審査に提出して制式採用が決まる。

キ27増加試作機

制式採用に先立つ昭和12年６月から12月まで，10機の製作が行なわれ，各種の実験に供された。１号機から10号機まではこまかい部分がそれぞれ違っている。

キ27甲(九七式戦闘機甲)

前期生産型で，エンジンは九七式650馬力ハ１乙（寿四一型），離昇出力710馬力，公称最大出力780馬力，ノモンハン事件に活躍した型。最大速度460km/h，上昇時間5000ｍまで５分22秒，実用上昇限度12250m，行動半径400～480km，7.7mm機銃×２，乗員１

キ27乙(九七式戦闘機乙)

後期生産型で，ノモンハンなどの戦訓をとり入れ，艤装が改善されている。甲型にくらべ風防が後方まで透明となり，風防内の上部にバックミラーをつけたものもある。エンジンは甲と同じ。陸軍最初の落下式増槽（半卵形）をつけ，爆撃機掩護に活躍したものもある。

キ27改(九七式戦闘機改)

後継機キ43がもたついたため，キ27の重量をさらに軽減した機体。昭和15年７月に第１号機完成。最大速度475km/h，上昇時間5000ｍまで５分40秒，試作２機のみ。

キ27練習機(九七式戦闘練習機)

第一線をしりぞいた九七戦を，車輪スパッツを取って練習機とした。はじめから練習機として生産したものではない。九七戦の主翼，尾翼，胴体の一部を流用した開放式風防の二式高等練習機というのがあるが，これは満州飛行機で生産された別機である。

ては、日本が持たざる国で戦闘機の大群をそろえられないのならば、逆手の軽戦で敵のフトコロに飛び込み倒していくという思想、そしてまさに日本人は重戦より軽戦向きで、格闘巴《ともえ》戦が得意にできているという考えに発している。

柔よく剛を制す、という軽量級柔道の極意と相似て、まさに日本人的発想であるが、中島のPE班にはそれほど困難すぎる問題ではなかった。というのは、PEの運動性にPAとは比べものにならない進歩を与えられそうだ、という見通しがついているからであった。

ふたたび、小山悌技師を設計主務者とし、太田稔、糸川英夫らの技師が協力してPEの本格的設計にはいったのは、昭和十一年初春、二・二六事件直前のことである。

PE、つまりキ27原型には、どんな新しい機構がとり入れられたであろうか。

1、主翼を一枚翼構造とし、主翼ケタの接続部をなくして、中央部の上に前部胴体を直接のせるようにした。

2、胴体を前部と後部の二つに分け、ボルトで簡単に結合できるようにした。

3、信頼性ある「寿」系エンジンを装備し、環状冷却器およびカウルフラップ（冷却調節用）をつけた。

4、視界が広く空気抵抗の少ない、水滴型風防《ドロップ・キャノピイ》とした。

5、エンジンの点検を容易にするため、カウリングを簡単に取りはずせるようにし、また各所に点検用取りはずし式覆いをつけた。

6、スプリット・フラップ（開き下げ翼）を油圧操作式とした。

7、引込脚に馴れていないので、固定脚としては最も抵抗の少ない、片持式スパッツつきとした。

8、引込脚でないため、主翼内に余裕を生じ、主燃料タンクをすべて納めることができた。

この中で、もっとも特筆すべき点は、1と2の項目である。左右一体となった主翼の中央部に前部胴体をのせ、その後ろに尾翼のついた後部胴体をつなぎ合わせるという、非常に簡便でしかも重量を大きく節約できる構造だ。これは小山技師の発案で、その後の一式「隼」、二式「鍾馗」、四式「疾風」に一貫して用いられ、取り扱いおよび量産も有利にしたばかりか、戦後、ジェット戦闘機の多くが採用していることに進歩的な設計であった。

技術者泣かせの水冷式エンジン

ＰＥ実験機が完成したのは昭和十一年七月一日で、すぐに太田工場から尾島飛行場に運ばれ飛行に飛び立った。結果はもちろん上乗だったので、これを中島機に与えられた「キ27」の試作第一号機として手を加え、同年十月十五日に熊谷飛行場で初飛行させた。

すでに運動性は申し分なかったのであるが、こりにこった設計陣は主翼面積を三通り考えた。一号機には一六・四平方メートルのものをつけ、昭和十二年二月に完成した第二号機には一八・六平方メートルのものをつけて、さらに三通り目の一七・六平方メートルの主翼を、一号機のテストが終わってから交換装着している。

試作キ27戦闘機。二号機は旋回半径80メートルの性能を備えていた

二号機の一八・六平方メートルの場合は、全備重量がテスト時、一六四〇キロであるから、翼面荷重（全備重量を翼面積で割った値）は、一平方メートルあたり八八キロとなる。当時の欧米の戦闘機の翼面荷重が、どれも一〇〇キロ／平方メートルを超えていたことを考えると、キ27がいかに軽くつくられていたかが分かるし、またそれが抜群の運動性につながったことも察せられよう。

このキ27に対し、三菱はさきにキ18でおもしろくない目にあったことから、コンペチション参加をことわろうとした。しかし、営業側が強硬な技術側を説得して、陸軍の希望する「キ18の形態構造の特徴をとり入れた戦闘機」を条件つきで納入することになった（設計主務は堀越二郎技師）。

つまり、キ18に、海軍で制式採用された九六艦戦の味を加え、エンジン、兵装、艤装などを陸軍タイプに改めたほかは、絶対的条件として人手をかけず十一年八月、キ33として早くも提出してしまったのである。最大時速は高度三〇〇〇メートルで四七五キロ、上昇力は五〇〇〇メートルまで五分五六秒と、他二社と同等の性能を発揮したが、三菱側は「人手が足りない」を

水冷式エンジン搭載キ５の改良型である試作キ28戦闘機

理由に、まったく改善工作をほどこさない。

　このことはキ33、すなわち九六艦戦がすぐれた設計であることを物語るものだが、明らかになげやりな態度で、事情を知るもののひんしゅくを買った（三菱の会社としてよりも設計者の態度）。

　もう一社、川崎の納入機はキ28であった。さきに低翼単葉水冷エンジンのキ5を、九二戦の後継機にといって提出し、エンジン不調その他で失敗した経験から、水冷式に疑問を感じてはいたが、陸軍側のそれに対するバックアップと、もう少しでものになるという期待と執念で、キ28を、またもキ５の改良型としていた。

　しかしその内容は、はるかに進歩したものとなり、最大時速は実に四八五キロを出し、三社中最高であった。また、上昇力も五〇〇〇メートルまで五分一〇秒で、当時の列国の戦闘機の性能を上回るとも劣らないみごとなものとなったのである。

　ただ、ハ９Ⅱ甲水冷式エンジンだけは、いまだ完全とはいかず、中島の寿エンジンの確実さに比べたら、大きな差を感じさせた。もっとも水冷、液冷エンジンの不調は日本だけでなく、世界に共通した悩みだった。現在までを通じてみて成功作といえるのは、イギリスのロールス・ロイス、ついでドイツのダイムラー・ベンツぐらいなものであろう。水冷式エンジンでは後進的な日本が、国産化をあせっても無理なジャンルだったわけである。

コンペチションに参加した各戦闘機の性能

		キ27	キ28	キ33
最大出力（馬力・高度3500m）		680	800	680
最大速度（km/h）	高度 0m	420	410	412
	1000m	437	432	433
	2000m	445	454	454
	3000m	467	476	474
	4000m	468	485	468
	5000m	467	483	461
	6000m	463	481	454
上昇時間（分′秒″）	高度1000mまで	1′03″	1′05″	1′16″
	2000mまで	2′00″	1′59″	2′15″
	3000mまで	3′02″	2′54″	3′16″
	4000mまで	4′14″	3′57″	4′29″
	5000mまで	5′38″	5′10″	5′56″
	6000mまで	7′17″	6′36″	7′42″
旋回半径（m）	右	86.3	111.3	97.5
	左	78.9	110.2	91.9
旋回時間（秒）	右	8.1	9.5	9.8
	左	8.9	9.5	9.5

旋回半径八〇メートルで九七戦に

キ27、キ28、キ33という三種の低翼単葉片持式スパッツ固定脚単座戦闘機は、昭和十一年十一月から十二年春にかけ、立川の航空技研で次期戦闘機の座をめぐり、激烈な争いを展開した。今川一策中佐（当時）によれば、「キ27は一見きゃしゃに見えるが、テスト中一回の空中分解事故もなく、不時着しても転倒せず安全だった。また、エンジン不調による事故は一度も聞いたことがない。キ28は、スピードは出るし、馬力の余裕があるから、旋回戦闘だってそうヒケをとらない。しかしエンジン故障が多く、これではとても実戦に使えないと思った。

またキ33は、キ18のときのシコリが尾をひき、さらに設計部のほうでテスト中もほうりっ放し、まるで生み捨ての状態だった」

ということである。中島はキ27の三種の主翼面積のうち、もっとも翼面荷重の少ない一八・六平方メートル（二号機に装着）が、最良の格闘性をもつと知ってこれを審査に送った。すなわちキ27「旋回半径八〇メートルの驚異」である。

この審査において、各機の示した性能を比較対照しておこう（前ページ表）。

キ28の旋回半径が、他より大きいにかかわらず、旋回時間がそれほどかからないのは、旋回スピードのよいことを物語っている。それにしても、キ27の旋回性能のよさには、陸軍もすっかりほれこんで、昭和十二年三月に制式戦闘機として採用を決定した。キ11では旋回性よりもスピードを重視していたにもかかわらず、その延長ともいうべきキ27が逆の立場になったことは、いかにも皮肉なことであった。

5 軽戦九七と「隼」の限界

九七式戦闘機が量産にはいったのは、昭和十二年（一九三七年）十二月で、採用が決定してから約半年もたっている。

この間、中島では軍と意見交換、技術提携を行なって、キ27の増加試作一〇機までつくり、いろいろ改修を重ねた。それで、運動性はさらに磨きがかかり、古今を通じて世界の低翼単葉戦闘機の中では随一のものとなった。現在、この機体を複製すれば、曲技機としても絶賛を博するであろう。

九七戦、中国戦線に初登場

この年の六月四日、第一次近衛文麿内閣が成立した。政友会、民政党からも入閣し、中島知久平は鉄道大臣に就任した。彼としては日本に航空省でも設けて、航空大臣になりたかったであろうが、腕を振るうことのままならない逓信省よりは、まだ鉄道省のほうがよかったのかもしれない。

それから一ヵ月後の七月七日、蘆溝橋事件に端を発した日中戦争がはじまり、この新鋭戦闘機の出番がくるわけであるが、とりあえず九五戦が中国に派遣されて、ソ連製のI《イ》15、I16、アメリカ製のカーチス「ホーク」複葉戦闘機、ソ連のSB《エスベー》爆撃機などと、精いっぱいわたり合うことになる。

ようやく生産ラインから流れ出した九七戦は、さっそく実施部隊に配属されて、昭和十三年四月から中国戦線に姿を現わしたが、同月十日、帰徳の空襲に参加した飛行第2大隊の九七戦三機は九五戦一二機とともに、迎撃してきたI15複葉戦闘機二四機を撃墜してしまうという戦果をあげた。

もともと、列強の第一線戦闘機——ホーカー「ハリケーン」、カーチスP36、グラマンF2F、グロスター「グラディエーター」（複葉、以上みな初期型）を目標に開発されたものだし、抜群の運動性がプラスしているのだから当然ではあるが、やはり、現実にその威力を目の前にして、関係者の感慨はひとしおだった。

当時の九七戦パイロットは、

「飛行機に乗って操縦しているというのではなく、自分自身のからだが飛んでいるという感じだった。両翼端が両手先と同じ、車輪の下が足の爪先と同じといっていい」

と、口をそろえていう。だからこそ地上スレスレ、高度一〇メートルのところでクルクルと横転しながら飛ぶ芸当もできたのだ。

また、安定もよく、パイロットがキリモミに入れない限り、機体自らは絶対に入らなかった。たとえ高々度でパイロットが酸素欠乏で失神しても、九七戦はひとりでに高度を下げ、意識をとり戻したパイロットを乗せて帰ってくることもあった。

ノモンハンの大空戦

満州国の建国後、ソ連と満州は国境をはさんでしばしば衝突し、小規模な戦闘をくり返すうち、昭和十四年五月十一日、ついに大規模な国境事件に発展した。外蒙軍の騎兵隊約七〇〇人が、ハルハ川（日本側主張の国境）を越えてノモンハンに向け侵入したのである。翌十二日、ハイラルにある第23師団の一部が現場に急派され、その指揮下に臨時飛行団（飛行第11戦隊、第24戦隊）がはいった。

この中の飛行第24戦隊は、昭和十三年九月から国境に近いハイラルに移駐していた、松村黄次郎中佐（三三期）を戦隊長とする九七戦一九機だった。

九七戦によるノモンハン初撃墜は五月二十日、ハルハ川上空におけるLZ型偵察機（複葉）一機である。

その後、外蒙軍ばかりでなくソ連軍も加わって、I15、I16の数は増加し（数百機）、五月二十四日には第12飛行団の進出、第二次ノモンハン事件（六月二十二日〜）には第2飛行集団（戦闘機隊は第1、第11、第24の三個戦隊で九七戦が七七機）の進出となって、大規模な空戦が展開されたのである。

I16の前で待機するパイロット。ノモンハンのソ連軍基地で

その六月二十二日、第24戦隊の第2中隊、第3編隊長をつとめた代永兵衛《よながひょうえ》中尉（四八期、終戦時少佐）の手記をみてみよう。

午後四時近く、

「敵小型機多数、ボイル湖東方よりハルハ川に向いつつあり」

の報を受けて、われわれ二個中隊一八機（松村戦隊長は、情報収集のため残留）は勇躍発進した。私の属する第2中隊は、このとき、つぎのような編成であった。

第1編隊　森本大尉（第2中隊長）、後藤曹長、斉藤曹長

第2編隊　古川中尉（編隊長）、吉良《きら》伍長、石沢曹長

第3編隊　代永中尉（編隊長）、佐藤伍長、西原曹長

森本中隊長は、接敵するに際して敵機群を挟撃しようとはかり、第1中隊の九機は西まわりに、第2中隊の九機は東まわりでハルハ川に進ませた。上空には断雲多く、敵の発見

はかなりの困難がともなっていた。

高度二〇〇〇メートルから、第2中隊が大きな断雲を乗り越えようとしたとき、やや下方に同航する（同じ方向に進む）敵イ15一二機を私たちは認めた。さっそく森本中隊長に翼を振って知らせると、彼も了解して敵編隊に向っていった。

カンジュル廟飛行場で待機する飛行第24戦隊第２中隊員。左端が吉良伍長、運転席が佐藤伍長、荷台前列左より斉藤曹長、後藤曹長、石沢曹長、後ろは西原曹長、左方に見えるのは九七戦

私も、これに従って緩降下しようとしたとき、断雲のかげから先の編隊の後方やや高くを飛ぶイ15、イ16の混成二五機を発見した。

「これはたいへんだ。こっちから片づけなくては……」

と思ったとき、さらにその上方、われわれと同じ高さを飛行するイ15、イ16が二五機、雲間からさらに現われたではないか。

つまり、先行する低位の一二機と、その後ろにつづく中位の二五機、そしてさらに高位の二五機があるわけで、合計なんと六二機にも達する。

森本中隊長の第1編隊三機は、すでに先行グループに攻撃を開始した。彼は断雲にさえぎられて、

後続する敵グループを明らかに認めていないのだ。
もう一刻の猶予もならない。幸い敵の中位グループは、私たちに気づかず直進していくので、高度的に危険な高位グループに向って、私、佐藤、西原の第3編隊は突っ込んでいった。同時に古川中尉の第2編隊三機も、

中島九七式戦闘機

中位グループにいどみかかっていく。

私は攻撃をかけたグループのうち、後方から進むイ16に列機と相互赴援《ふえん》（二機のペア）態勢で迫り、一連射を浴びせるとたちまち火を発して墜落していった。

すぐに高度をとって、相互赴援態勢からもう一機を追い、照

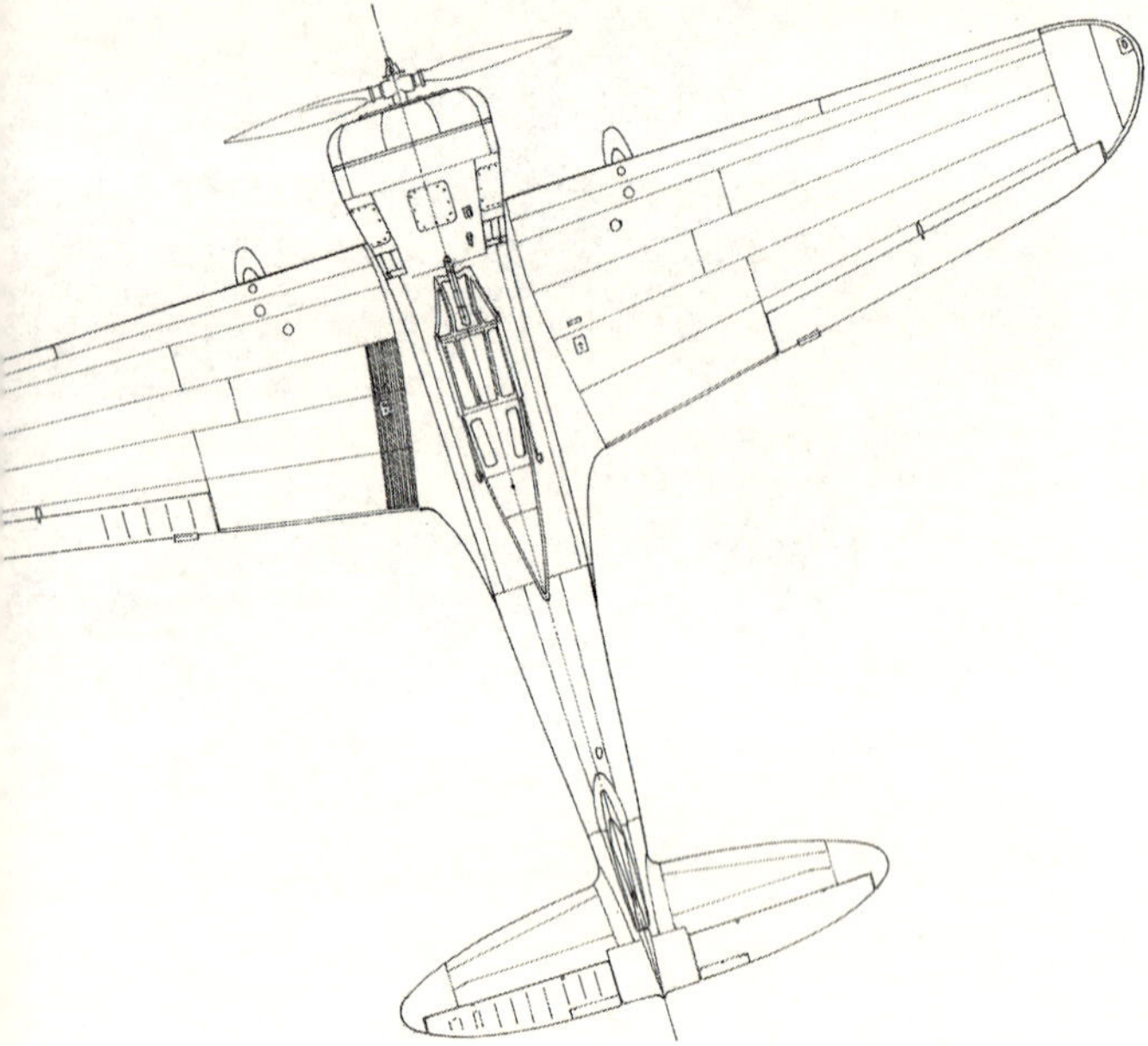

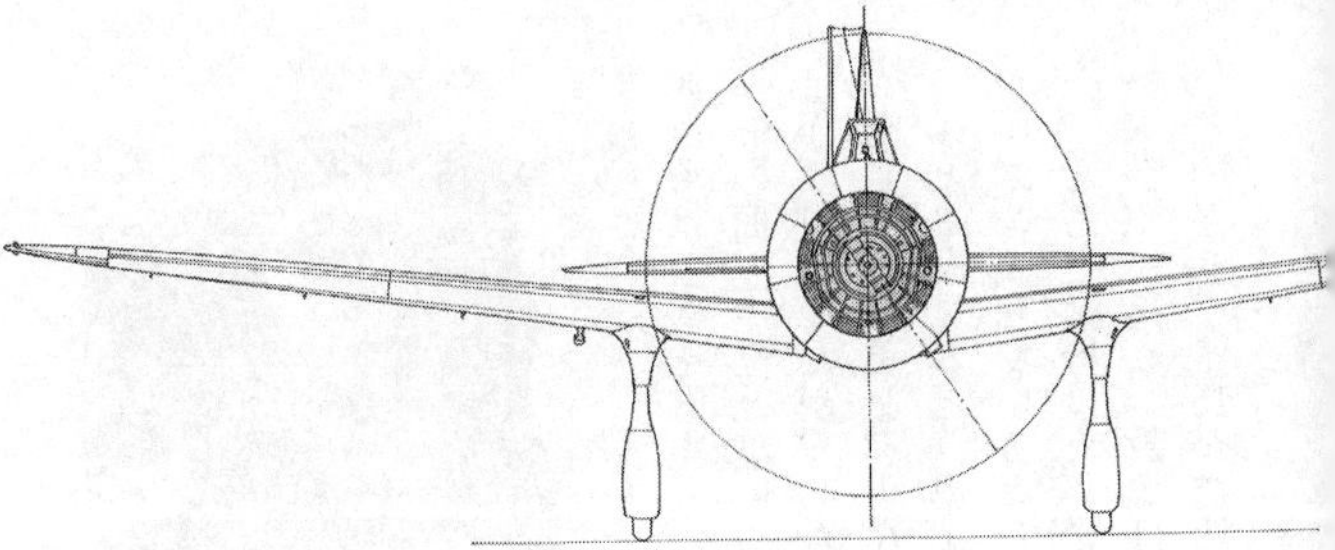

中島九七式戦闘機

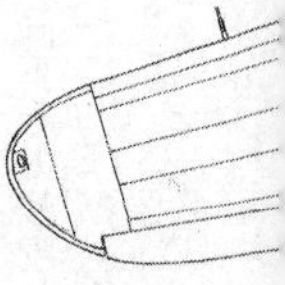

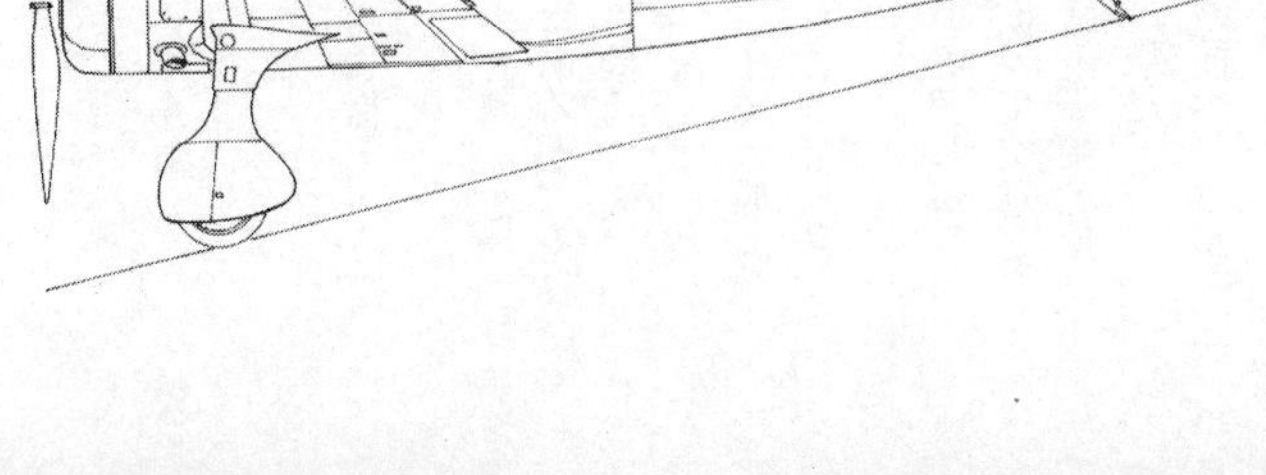

代永兵衛中尉

準器いっぱいに入れて引き金をひいた。ところが機銃は、ウンともスンともいわないのである。

「しまった！　機銃故障か」

と舌を鳴らしたがあとの祭りだ。

「よし、こうなったら列機の赴援態勢に徹しよう。敵を後ろからおびやかすんだ！」

とばかり、佐藤、西原両機が攻撃しやすい態勢に入るよう努力した。すでに乱戦ではあるが、やはりこの戦闘法がものをいって、佐藤機は二機、西原機は三機を撃墜した。

その間、中位と高位の敵グループが入りまじって、どちらを向いてもイ15、イ16の群ればかりであったが、しだいに敵機は南方へと急降下して逃走しはじめた。それとともに私も余裕をとり戻し、現在の状況をつかめるようになった。

ふと下を見ると、第1編隊二番機の後藤曹長が、イ15と格闘戦を行なっている。しかしだいぶ苦戦しているようだ。私は弾丸の出ない機体ではあるが、そのイ15に向って突進した。すると敵機は大いにあわて、さらに降下して離脱しようとした。こんどは後藤機が食い下がって追う。敵機は超低空旋回をうって逃げる。そして、私の赴援擬似攻撃だ。

そのとき、イ15が突然、停止したように見えて、エンジンだけがころころと前へころがていったのである。つぎの瞬間、機体がバーッと燃え上がり、黒煙を噴き上げはじめた。

つまり、あまりの超低空で逃げ回ったため、地上に接触して果てたのであった。

ちょうどこのころ、空戦が始まって十分ほどたったであろうか、西まわりに飛んでいた第1中隊の九機がかけつけ、算を乱しはじめた敵機群に追い打ちをかけた。しかし敵の逃げ足は速く、大きな戦果にはつながらなかった。

ノモンハンの大空中戦要図

私は第2中隊の佐藤、西原ら六機を集めて帰還の途についたとき、地上（ホロンバイル平原）から、燃え落ちた機体の黒煙が、何条も垂直にたちのぼっているのを認めた。この地方の六月ごろというのは、草原の雑草が芽をふくときで、風がまったくないためである。

「一つ、二つ、三つ……」

と数えていったら、全部で一五あったが、基地に帰ってからの戦果確認ではイ15八機、イ16一〇機、合計一八機は確実に撃墜したのであった（第1中隊は、確実一、不確実四）。

この空戦で、機体に敵弾を受けなかったのは、わずか二機だけである。

残念なことに、第2中隊長森本大尉はついに帰ってこなかった。おそらく中隊長機ということで、敵機の最大目標にされたのではなかろうか。彼らにとって、長機を落とすことは最高の殊勲であり、懸賞金つきだったのだ。〈以下略〉

一騎当千の撃墜率に見通し誤る

この空戦のあと一時間ほどして「敵小型機三二機来襲」の報とともに、こんどは第1中隊九機が迎撃に舞い上がった。ところが敵I15、I16は、一〇〇機に近い大群で、やや苦戦の末、三一機を撃墜したが、第1中隊も一機が草原に不時着、三機が未帰還となってしまった（不時着の辰巳曹長は翌日、草原を歩いて生還）。

六月二十二日の空戦は、ソ連、外蒙軍の戦闘機勢力からいって、ノモンハン全航空戦を通じて最も大規模なものだったが、第24戦隊だけでこれを受け止めたため、戦果（四九機撃墜）も多かったわりに損害（五機）も少なくなかった。もし、あと一個戦隊が加わっていれば、戦果は倍近くなっていたかもしれない。

それにしても九七戦が、その格闘性を十二分に発揮してI15、I16をおさえたかがよくうかがわれよう。

おもしろいことに、この日の空戦の模様について、当時、ソ連空軍中尉として参加していたア・ベ・ボロジェイキン（ヨーロッパ戦線も含め総撃墜数五二機、最終位・少将）も、その著書『ノモンハン空戦記』（原題「イストレビーチェリ」）の中でつぎのように記述している。

六月二十二日、わが部隊は一二機失った。その中にわれわれの飛行連隊長グラズイキン少佐機が含まれていた。

この日のわが空軍の総合戦果は、撃墜三〇機以上であったが、関東軍の報道部は次のように発表した。

「六月二十二日、午後四時ごろ、ソ連軍飛行機一〇五機が、カンジュル廟《びょう》付近の国境を侵犯したので、追撃戦で敵機四九機を撃墜した。わが方の未帰還は五機。この中には森本大尉機がはいっている」と。

嘘もほどほどにするがいい――。

これに対して、第24戦隊長・松村黄次郎中佐は、

「六月二十二日のわが方の出撃機数は第24戦隊の二個中隊、計一八機だけだった。もっとも四回出撃したが、総機数は私を入れて一九機。しかし私は情報収集のため残ったので、あとにも先にも一八機しか出撃していない。それなのにソ連側は三〇機撃墜したと発表しているのは、いったいどういうわけだろう」

と首をかしげているが、ソ連のパイロットたちは、コミッサール（人民委員、ボロジェイキンもその一人だった）の監視のもとにあるので、他人よりつねに自分を優位において、身

の保全につとめたということもあって、暗に水増しが行なわれていたようである。嘘もほどほどにしろとは、どっちがいう言葉だろうか。

とにかくノモンハン事件初期は、Ｉ15、Ｉ16を九七戦得意の格闘戦にひきずり込み、あわせて敵パイロットの熟練度が低いこともあって、一対一〇の勝利を博したのである。

単機での深追いは絶対禁物

しかしその後、低翼単葉のアブとあだ名されたＩ16は、突っ込みのいいのを利用して一撃離脱に徹し、九七戦の格闘戦には、つとめてはいらない戦法をとった。また背中につけた防弾鋼板を厚くし、七・七ミリ機銃弾を簡単にはね返してしまった。

こうなるとスピードが同等の九七戦は、突っ込んで逃げるＩ16を追い切れず、戦果もはじめほど上げることができなくなった。

それればかりではなく、一キロでも軽くという軽戦思想から、防弾鋼板などとんでもないと最後までつけなかったので、敵の集中砲火を浴びて落ちる九七戦もふえてきたのである。

さらに火器の点で、Ｉ16と九七戦は大きな開きがあった。前者が機首に七・七ミリ機銃二梃、両翼に一三・二ミリ機銃二梃、あるいは機首に一三・二ミリ機銃二梃と片翼に二〇ミリ機関砲一門であるのに対し、後者は機首に七・七ミリ機銃二梃を固執した。

これはノモンハン当時、九七戦のパイロットがベテランであったから十分に戦えたものの、太平洋戦争がはじまるころの連合国軍機には、もう歯がたたない存在になってくる。

ここでもう一度、代永中尉の空戦秘技と戦訓を聞こう。

空戦中に、私はしばしば後方から敵の射撃を受けたが、それを感じたらとっさに左旋回（九七戦は左回りのほうが利《き》くので）しながら機をすべらせると、射弾はほとんど右にそれていってしまう。つまり射弾を軸線からずらせ、はぐらかすわけだ。

それで私の機体には、右外翼に弾痕はあるが胴体にはほとんどない。機をすべらせるということは、旋回計の中央のボールを左右にとばしてしまう操作で、基本操縦法にはないことだが、生きるか死ぬかの瀬戸際に、そんなことはいっていられない。

乱戦になり格闘巴戦にはいっても、単機で深追いしてはならない。つねに味方機を視程内に入れていなければ、赴援することもできないし、赴援されることもなくなる。また戦果の確認はもちろん、万一の場合、その最期を見届けることもできない。多数の敵機を撃墜しながら未帰還となった味方機の多くは、誤って単機で深追いし過ぎたためだ。

まさに戦闘機パイロットは、佐々木小次郎を巌流島に討つ宮本武蔵の心と腕でなければならない。しかしそれでも、刀に対するにピストルで立ち向かわれたなら、どうする術《すべ》もないのだ、ということを教えている。

防弾装置を、多くの戦訓がありながら取り付けなかった用兵側の怠慢は、有能なパイロットを何人も失わせてしまった。もともと軽戦であるべき日本の戦闘機に、防弾装置をつけようにもつけられなかったという事情もあるが、たとえば燃料タンクをゴム（自動漏洩《ろうえい》防止）で覆うアイデアは、当時から各国で考えられていたことで、たとえ不完全なものでも積極的に取り付けるようにしていれば、損害がもっと少なくてすんだであろう。

この航空戦を通じて、日本側はソ連機を計一三四〇機撃墜破し、損害は一七一機としているが、ソ連側は日本機六六〇機撃墜破、自軍の損害は二〇七機だったという。日本が優勢だったのは従軍記者のみならず外国の観戦武官もひとしく認めているところで、ソ連がいかにコミッサール（ソ連共産党の監督・監視員）を通じ、戦果の水増しに暗躍していたかを物語る。

しかし日本側の数字も、当時の戦隊長たちがのちに語っているように、乱戦の中で多少のダブリはあったようだ。

この航空戦で第11戦隊の篠原弘道准尉は五八機（一日に一一機）撃墜して最多を記録した（八月、戦死して少尉に）。つぎは第1戦隊の垂井光義曹長（一日に五機）で二八機を撃墜、太平洋戦争では68戦隊に属して一〇機を追加、計三八機として日本陸軍総合三位になった。ノモンハン三位は第11戦隊長の島田健二大尉で二七機（九月に戦死）。

キ43の量産はまだか！

出現直後、待っていたように始まった日中戦争、そしてノモンハン事件と、持てる力をフルに発揮し、総計三三八六機が生産された九七式戦闘機は、非常に幸運な機体だったといえよう。しかしときがたてば、抜群といわれた性能もふやけてくるし、ウィーク・ポイントも目立ってくる。これはどれをとっても同じことで、九七戦とて避けられぬ運命である。

それを決定づけたのは昭和十七年（一九四二年）四月十八日、ドウリトル中佐（当時）の行なった日本本土初爆撃に対する迎撃戦であった。

アメリカ機動艦隊が本土に近づきつつあるのを察知して、陸海軍とも警戒を厳重に防空態勢もととのっていたのだが、それをあざ笑うかのようにドウリトルの指揮するノースアメリカンB25双発爆撃機一六機が、十八日正午から、茨城の海岸に上陸した。

陸軍防空戦闘機隊は、新鋭の一式戦「隼」、二式単戦「鍾馗」をマレー、ビルマ方面に出したあとだったので、九七式戦闘機が主力であった。B25本土侵入の報とともに直ちに舞い上がったものの、彼らが超低空飛行したのとスピードが九七戦を上回っていたため、視認がおくれ、また追跡もできなかったのである。

東京上空では、高度三六〇メートルを時速四八〇キロで飛ぶB25に対し、高射砲が弾幕を張ったため防空戦闘隊が近寄れなかったということもある。しかし、接敵しかけてもスイーッと離れるB25、それに射弾を送っても届かない九七戦の実態をみるにつけ、キ43の量産はまだか、の声が大きくひろがるのであった。

もちろん陸軍でも、来るべき大戦争に備えて九七戦よりも高性能の次期戦闘機を、早急にそろえる必要を感じていた。やはり時速四六〇キロ前後のスピードでは、列強の一線機にひけをとると痛切に考えていたのである。

そこで九七戦が制式採用になった直後、昭和十二年十二月、中島に対して新型戦闘機キ43

の試作を、一社特命で指示してきた。さきにもちょっと触れたように、陸軍側と三菱の間は、こと戦闘機に関する限り気まずくなり、陸軍は九七戦の成功でこれを大きく育成することに決定して、中島一社だけに陸軍戦闘機を請け負わせることにしたのである。

陸海軍の抜きがたい反目のあらわれの一つとでもいおうか、海軍でも中島には九五艦戦以後の発注をやめ、九六艦戦から三菱への単独試作命令となっている。なお「零戦」の原型となった一二試艦上戦闘機の計画指示は、十二年五月十九日であるから、キ43試作指示より約半年早い。

キ43に対して指示されたおもな条件は、

1、九七式戦闘機と同等以上の運動性を維持し、最大時速五〇〇キロ以上に向上させる。
2、上昇力は、五〇〇〇メートルまで五分以内とする。
3、行動半径は八〇〇キロ以上のこと。
4、七・七ミリ機銃二梃を装備。
5、引込脚を採用すること。

というものであるが、これをみて、いささか矛盾を感じない者があるだろうか。速度と運動性というのはまったく相反する機能であり、九七戦以上の運動性に五〇〇キロ以上のスピードを持たすのは無理な相談なのだ。ここに九七戦にほれ込む一方、五〇〇キロ以上の列強戦闘機に不安を感じた陸軍用兵側のあせりがあったのである。

しかし、メーカーの立場は「泣く子と地頭には勝てない」、何とか要求に近づけるべく努力するしかないのだ。キ27と同様、小山悌技師を設計主務として太田稔、青木邦弘、糸川英夫技師らをスタッフに設計を開始した。

苦難の開発がはじまる

だいたい、キ11で、重戦的性格の戦闘機をねらっていたのに、運動性を付加することでPE実験機となり、キ27軽戦に発展させられたのだ。

「これでは、軽戦と重戦の両方を兼ねろというようなものだ。まったく難題だよ」

「軽戦は軽戦で、重戦は重戦で別々に作らなくては無理だろう。万能機は作れても、すぐに時代遅れになる可能性が強い」

「しかし軍の要求だから、とりあえず、その万能機を作るより仕方なかろう」

ということで、結局、寸法・重量ともに九七戦より一まわり大きくしたものとすることに決まった。すなわち空冷星型一〇〇〇馬力エンジン（ハ25）、引込脚、可変ピッチ・プロペラを装備して重くなったマイナス面を、翼面積の増加で補うこととし、試作戦のデータは翼幅一一・四四メートル、全長八・八三メートル、翼面積二二平方メートル、全備重量一九〇〇キロにおちついた（試作第一号機には、可変ピッチ・プロペラでなく、固定ピッチ・プロペラをつけている）。初飛行にもちこんだのは、昭和十三年十二月十二日であるから、設計指示より満一年で割合に早かった。ところが明野飛行学校における審査は、

「最大速度はキ27よりややまさるが、空戦性能ははるかに劣る。これではものにならない」

第59戦隊のパイロットたち。前列中央が今川中佐

というひどいもので、陸軍側と中島側の双方をがっかりさせてしまった。やはり「二兎を追うものは一兎をも得ず」で、中島の初めの懸念を現実にしたのである。そしてキ43は長い苦難の開発路をたどることになる。

小山技師は、ともすると気落ちしがちなスタッフを激励し、改修につぐ改修をはじめた。プロペラ・ピッチを変更し、重量をさらに軽減するなど、昭和十四年十一月から十五年九月にかけて一〇機の増加試作を行なったが、六、七号機では、せっかくの引込脚を固定脚にしたり、翼幅を縮めるまでやってみた。

さらに十五年八月、中島側の希望を入れて試作完成した本格的重戦、キ44に採用した蝶型空戦フラップの性能がよかったので、一一号機にとりつけ、空戦性能の向上をめざした。さらに尾翼は一一通りも作り、安定型の改善に努めている。

しかし、これらの改修も用兵側の希望を満たすことができず、キ43は不採用と決定されてしまった。

模擬空戦で実力を示す

ところが、昭和十四年十二月に、陸軍に新設された飛行実験部（部長・今川一策中佐）で、キ43をいかに生かすべきかの研究が課題となっていたが、ここにおける評価はだいぶよく、捨てがたい味があると、明野飛行学校に待ったをかけてきたのである。

「水平面の旋回性能はキ27にやや劣るが、垂直面の旋回性では馬力の余裕があるからややまさる。両面を組み合わせると、キ43が有利である。また航続力のテストでは、増槽付きで一〇時間、約三〇〇〇キロの飛行が可能で、キ27は及びもつかない」と。

昭和十五年末から十六年にかけて、九七戦の航続力の小さいことから爆撃機を援護できず大きな損害をうけていた陸軍としては、この願ってもない長距離性に注目した。近い将来、南方進攻作戦を行なうには、多少の運動性低下に目をつぶっても長く飛べるほうがいい。初飛行から二年もたった十五年の秋、参謀本部、航空本部、明野飛行学校立ち会いのもとに、キ43（実験部）とキ27（明野）の模擬空戦をやってみた。

おどろいたことに、蝶型空戦フラップ操作のキ43はキ27を追いつめ、垂直面格闘を制したばかりでなく、水平面

昭和14年、飛行第59戦隊長時代の今川中佐。漢口飛行場の愛機九七戦の前で

でさえ圧倒しかねなかった。格闘すればキ27にはとてもかなわないだろうと信じていた幹部クラスは、しばし目を疑ったという。

日中戦争の拡大で新工場も増設

蝶型空戦フラップとは一種のセミ・ファウラー式フラップで、全開すれば着陸用フラップであるが、半開きだと空戦用フラップになるという便利なものだ。つまり空戦にはいるとき、抵抗を増してスピードを殺すとともに、主翼面積もわずかながら大きくして、翼面荷重をへらし、旋回性をよくするわけである。

これで、キ43の運命が逆転した。翌十六年四月、一式戦闘機として制式採用が発令され、直ちに量産が発注された。

しかし中島では、すでに治具を片づけるとともに、つぎなるキ44単戦の制式化を見越して、それに切り換えていた。そこで、またあわてて倉庫からキ43用治具を引っ張り出し、改めて生産計画を練るという混乱があった。

なお、日中戦争の拡大によって、航空機需要の増加を見込んだ軍部は、中島に対して工場の拡張を要求した。そこで機体、発動機の新工場がつぎつぎと誕生していった。そのおもなものは発動機工場として「武蔵野製作所」(昭和十三年五月、東京府武蔵野町)、「田無鋳鍛《ちゅうたん》工場」(同年六月、田無町)、太田製作所の機械工場として「前橋工場」(十四年三月、前橋市)、さらに海軍機の専門工場として「小泉製作所」および「尾島工場」(十五年四月)の新設である。これまでの「太田製作所」と「前橋工場」は陸軍機の専門工場となった。

十六年二月になると、太田、小泉両工場の中間に太田飛行場が完成、同年十一月には武蔵野製作所に隣接して海軍用発動機専門の「多摩製作所」もでき、従来の武蔵野製作所が陸軍専門工場となっている。これで中島の全生産施設が軍の管轄下におかれ、昭和十一年からはじめられたダグラスDC2輸送機の国産化およびAT2旅客輸送機などの民間機の生産はすべて中止され、立川飛行機などに移行された。

陸軍の期待を一身に浴びて

昭和十六年初夏、工場から出てきた初期量産の一型は、ハ25・九五〇馬力を積み、七・七ミリ機銃二梃の一型甲、七・七ミリと一二・七ミリ各一梃の一型乙、そして秋からは一二・七ミリ二梃の一型丙（過給器空気取入口をエンジン・カウリング下面に置く）の三種があった（いずれも最大時速四九五キロ）。「隼」の名で親しまれたのはこの一型丙からで、中島の九一式戦闘機と争った三菱「隼」とは何の関係もない。

一型甲を受領したのは飛行第59戦隊（戦隊長・土井直人少佐、のち中尾次六少佐）と飛行第64戦隊（戦隊長・加藤建夫少佐）で、ともに昭和十六年八月末から漢口、広東へそれぞれ着任して中国戦線にデビューさせたが、主翼の強度不足のため急激な操作を行なうと翼端が飛んだり、翼のつけねにしわが寄るなどの事故を引き起こした。

そこで両戦隊とも立川に帰還して、補強したり一二・七ミリ、七・七ミリ各一梃の一型乙

中島一式戦闘機隼二型

に換えて十一月から南方に移動した。この両戦隊約四〇機の「隼」が、第3、第7飛行団の傘下にはいり、太平洋戦争開始とともにマレー、ビルマ、パレンバン、ジャワの各作戦に参加し、その格闘性と長距離性をもって大活躍した。

相手となった敵戦闘機は、主としてブリュー

スター「バッファロー」、ホーカー「ハリケーン」、カーチスP40などで、「隼」の格闘性を知らずに巴戦にひきずり込まれ、さんざんな目にあっている。

もう「隼」では勝てない！

昭和十七年三月から、ビルマ方面に転進して英空軍を撃滅していた第64戦隊

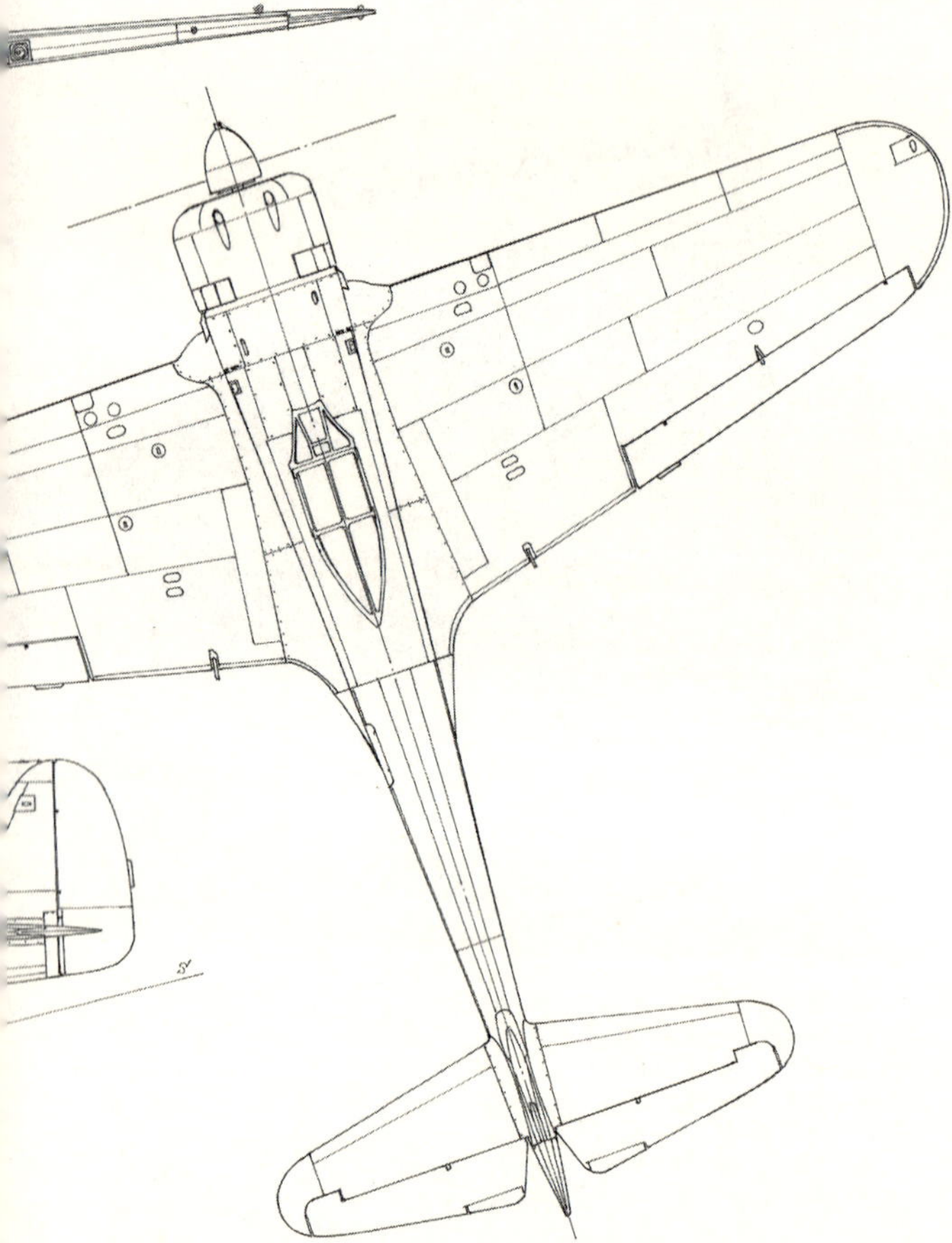

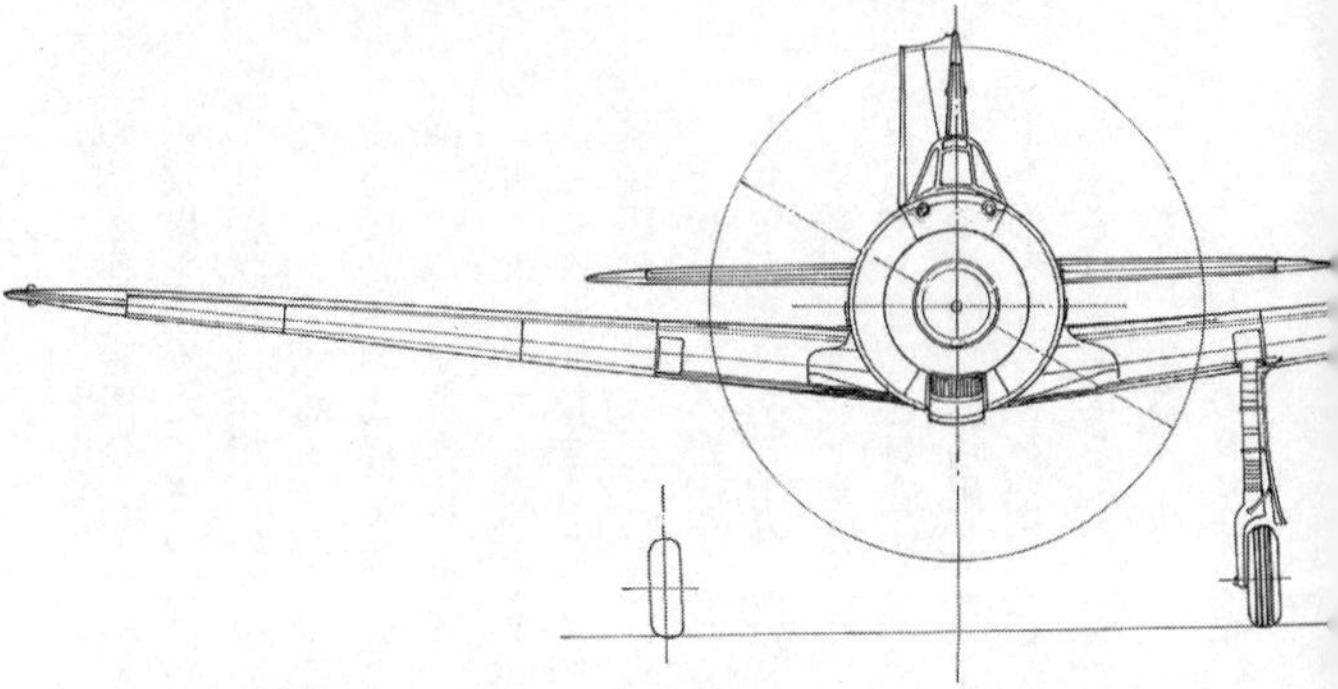

中島一式戦闘機隼一型甲

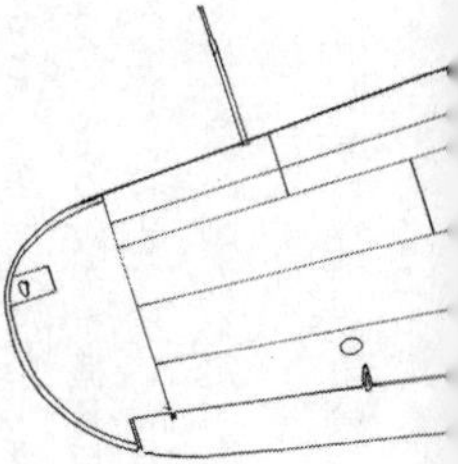

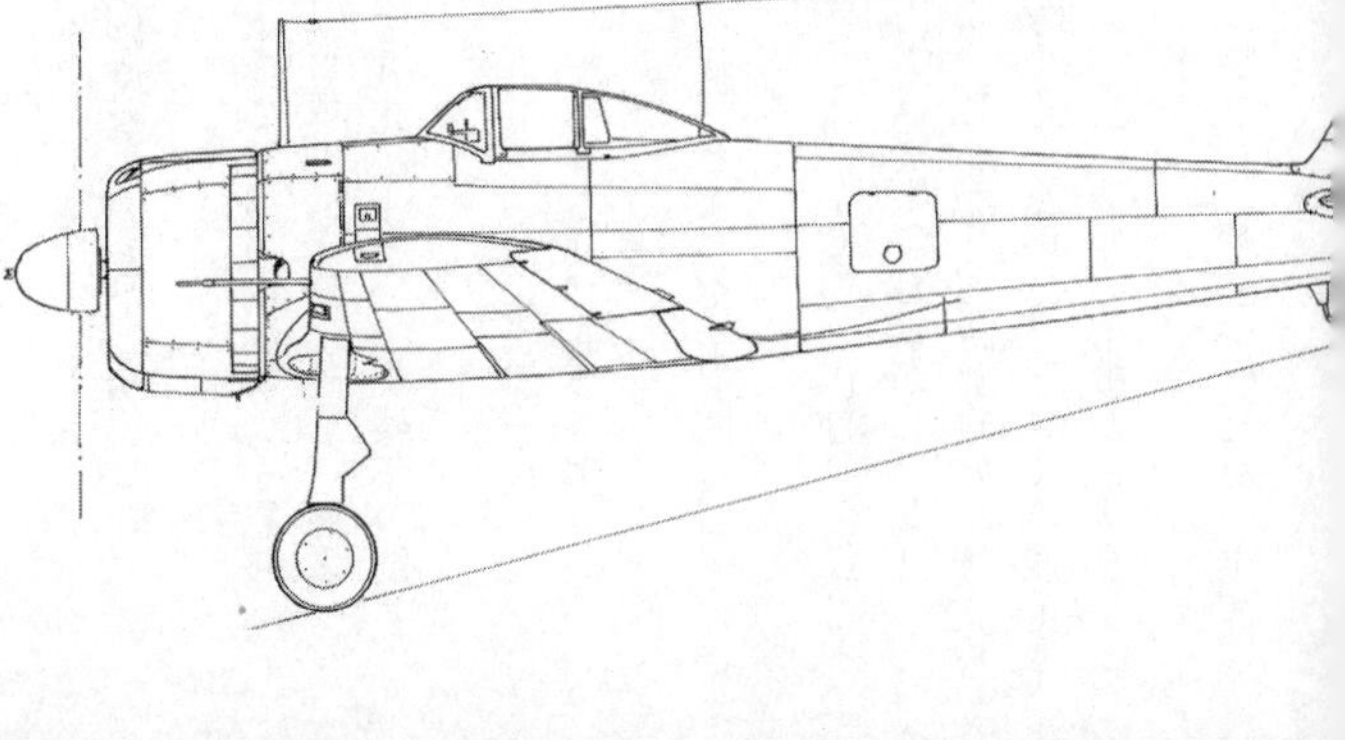

の加藤建夫戦隊長（三七期、中佐）は、五月二十二日、アキャブに攻撃してきた「ブレニム」爆撃機を追ったままついに帰らなかった。

加藤隊長は「隼」の空中分解事故にも性急な判定を下さず、大成させる方向へ努力を怠らなかった人である。「隼」三〇機足らずを率いて、戦隊として二百数十機を撃墜破し、個人総撃墜数も一八機を数えた優秀な操縦技能の持ち主であった。戦死後すぐ、「加藤隼戦闘隊」の題名で映画化（東宝）されている。

「隼」について第64戦隊の第三中隊長をつとめた黒江保彦大尉（五〇期、戦後事故死）は、「ゼロ戦と比較すると、スピードにおいて少し劣り、格闘性能でややまさり、武装で劣るが航続距離はほぼ同じ、といった戦闘機であった」

といっているが、アメリカ、イギリスでは「隼」を海軍の「零戦」とまったく混同して、どちらもゼロファイターの名で呼んでいたようである。

戦線がジャワ、ボルネオ、ニューギニア方面に及んで、「スピットファイア」、P38、P47、P51、F6Fと対戦するようになると、「隼」のスピードと火力では撃墜がむずかしくなり、無類の格闘性も通用しなくなってきた。また敵爆撃機B17、B24、B25などの防御砲火に撃墜されるものもかなり出てきた。スピード不足、とくに突っ込みのきかないことと高空性能の悪さは致命的だった。また構造的にも翼の剛性不足、引込脚の不良、機銃の不調が最後まででたたっている。

フィリピンのレイテ決戦に、3型甲が爆装して敵艦船へ低空攻撃をしばしばかけたが、す

キ43「隼」の変遷

キ43 I 甲(一式戦闘機一型甲) 初期の量産型でエンジンはハ25（99式）空冷星型14気筒950馬力×1，住友ハミルトン2段可変ピッチ2翅プロペラ，全幅11.437m，全長8.832m，主翼面積22㎡，自重1580kg，全備重量2243kg，最大速度495km/時，上昇力5000mまで5分30秒，実用上昇限度11750m，航続距離1200km，武装7.7mm 機銃×2，乗員1
キ43 I 乙(一式戦闘機一型乙) 一型甲と同じだが，武装を7.7mm 機銃×1（右）および12.7mm×1(左）と強化
キ43 I 丙(一式戦闘機一型丙) 一型甲，乙と同じだが，武装を12.7mm×2とさらに強化
キ43 II 甲(一式戦闘機二型甲) 中期の量産型ではエンジンはハ115（2式）1150馬力×1，住友ハミルトン定速3翅プロペラ，全幅10.837m，全長8,920m，主翼面積21.4㎡，自重1975kg，全備重量2642kg，最大速度515km/時，上昇力5000mまで5分49秒，実用上昇限度11215m，航続距離3000km，武装12.7mm 機銃×2，乗員1：眼鏡式照準器から光像式照準器に交換
キ43 II 乙(一式戦闘機二型乙) 二型甲とほぼ同じであるが，環状冷却器をカウリング下面に移すとともに，集合排気管を推力式単排気管に改めた。II型は最多量産型で合計2492機
キ43 III 甲(一式戦闘機三型甲) 後期量産型で，重量増加のためタイヤ直径が増す。エンジン，寸法はII型とほぼ同じ。自重2040kg，全備重量2725kg，最大速度555km／時（6100m），上昇力5000mまで5分19秒，実用上昇限度11400m，航続距離3200km，武装12.7mm 機銃×2，乗員1

でに低速のためP51、F6Fに食われてしまったものが多い。いずれにしても「九七戦並みの操縦性」と時速五〇〇キロ以上のスピードを要求した、陸軍用兵側の欲張った思想が、一式戦闘機「隼」を結果的に中途半端な機体にしてしまったということができよう。

それでも一式戦闘機は、中島太田製作所ばかりでなく立川飛行機、陸軍立川航空廠で合計五七五一機生産された。これは海軍零式艦上戦闘機の合計一万四二五機につぐ、日本第二の量産機である。

6　重戦「鍾馗」の開発に着手

世界的な重戦への傾向に対して、あまりにも日本的な軽戦偏重に、中島設計陣がいささか気落ちしたことは否定できない。ＰＥから九七戦、一式「隼」と、軽くまた軽く、それこそ骨身をけずって翼面荷重を一〇〇キロ／平方メートル（欧米の重戦は一五〇キロ／平方メートル）付近におさえ、格闘性をよくすることに専念してきた。

しかし、もう限界にきている。つぎにくるものにこれ以上の重量軽減を強いるならば、機体構造は脆弱となり、また、必然的にスピードを上げることもできなくなってしまう。

爆撃機よりも速い戦闘機を

「技師長、戦闘機の近代化と前時代性の両立もこれまでです。前時代性をそろそろ捨てないことには……」

「陸軍が、どうしても九七戦以上の格闘性を望むなら、それも作りましょう。しかし、高速性だって絶対に必要なのですから、別に重戦をもう一回、作ってみたいものですね」

「世界の流行というより、爆撃機を追える戦闘機を作らなくてはね。SB《エスベー》（ソ連の双発爆撃機）を逃がしてしまうようでは、どうしようもありませんから」

森、太田、糸川ら各技師のいうように、小山も、以前作った準重戦に未練があった。それは、理解ある中島喜代一社長はじめ佐々木、栗原ら首脳者たちが、キ11の試作と併行して昭和十年の中ごろ、フランスのドボアチーン社からロベル、ベジョ両技師を招聘し、自主的に試作した画期的な戦闘機、キ12だった。

キ11がアメリカのボーイングP26を手本（外観のみ）にして、あとは日本人の手による国産戦闘機としたのに対し、なぜ、いまさらフランスから技師を呼んだのかというと、ニューポールはすでに後退していたが、ブロッシュ、ドボアチーンなどのメーカーが新戦闘機をくり出し、その高速性とモーター・キャノン（自動機関砲）に見るべきものがあったからである。

ちょうど三菱で、ドボアチーンD510戦闘機を輸入する話もまとまり、中島では、三菱に負けてなるものかと、大いにハッスルした。さっそく、ロベル、ベジョ両技師の指導のもとに、森重信技師を設計主務者として、キ12の設計がはじめられた。

日本初の引込脚重戦闘機

どうせ自主的に作るなら、まったく斬新な、そしてD510よりはるかに進歩したものにしようというわけで、つぎのような新しい機構を試みることにした。
1、翼は応力外皮構造、胴体はモノコック構造の全金属製とする。
2、油圧操作式の内側完全引込脚を採用し、また、尾輪も引込式とする。
3、楕円テーパー翼とし、スプリット・フラップをつける。
4、ドボアチーン独特の二〇ミリ・モーター・キャノン（プロペラ軸を通して発射）を装備し、両翼にも七・七ミリ機銃を各一梃とりつける。
5、冷却器はD510同様、エンジン・ナセル前面に配置する。
6、操縦席の頭当てから垂直尾翼にいたる間をヒレでつなぎ、縦の安定をよくする。

ドボアチーンD510。イスパノ式モーター・キャノンを装備

こうして、昭和十一年十月、できあがった低翼単葉引込脚の液冷戦闘機は、同じころ完成したキ27ときわめてよい対照をなしていた。液冷と空冷、三翼ペラと二翼ペラ、引込脚と固定脚、二〇ミリ一、七・七ミリ二の重武装と七・七ミリ二の軽武装というぐあいである。

テスト飛行してみたところ、最大速度は時速四八〇キロに達したが、上昇時間は五〇〇〇メートルまで六分三〇秒と、ややかかる。また運動性もキ27にはとてもおよばず、キ11と同程度であった。もともと中島は、これは予定の行動で、スピードと二〇ミリ・モーター・キャノンによる準重戦として育てようと思ったのだが、陸軍側のテストで格闘性劣ると判定され、さらに、イスパノスイザ12Ｘｃｒｓ（六九〇馬力）を国産化するのも無理とわかって、増加試作も中止となった。

運動性の基準が、日本とフランスでは大いに違うことと、日本の液冷エンジンの技術的遅れを計算に入れなかったことは不覚であったが、これだけ斬新な機体を、フランス人の指導とはいえ、当時作れたことは、中島の技術、ひいては日本の技術が、外国とくらべて差のなくなったことを物語っている。

よく「日本の最初の低翼単葉引込脚戦闘機は、海軍の一二試艦上戦闘機である」といわれているが、制式機は別として、これは大きな間違いだ。同じ一二でも、陸軍のキ12こそ日本初の引込脚戦闘機で、一二試艦戦（のちの「零戦」）より二年半前に完成していたのである。

なお、本機のエンジン、イスパノスイザ12Ｘｃｒｓを九六式三号艦戦（Ａ５Ｍ３Ｑ）二機に装備し、昭和十二年三月からモーター・キャノンのテストを行なっていたが、不具合などで中止された。当時、キ12をはじめ、川崎キ28およびＡ５Ｍ３Ｑなどの陸海軍戦闘機が、実際に配備されつつあるかのように外国にも報道され、「日本にも液冷戦闘機時代来る」を思わせたが、格闘性重視と液冷エンジン軽視（というよりむずかしさ）から、まったくの不発に終わってしまった。

もし、用兵側に時代を先取りできる目があったなら、ここまで伸びてきた日本の航空工業力を駆使して、液冷エンジン付き重戦も育っていたであろう。そして、太平洋戦争で「零戦」、「隼」などの味わった後半戦の悲惨さは、もう少し救えたにちがいない。もっとも惨敗したのだから、こうしたことも、くりごとにしか過ぎないのではあるが……。

日本初の引込脚式戦闘機、試作キ12

超軽戦要求に反発しての重戦開発

このキ12をなんとかものにしたかった中島設計陣が、キ27、キ43と相次ぐ超軽戦要求に反発を感じて、再び重戦の自主設計を行なうべく立ち上がったのも無理はない。もちろん、小山技師が先頭に立って森重信設計部長はじめ内田政太郎、糸川英夫ら各技師は、キ43がオーダーされた約半年後から設計を開始した。

陸軍に「キ43と併行して重戦も設計したい」旨、意見具申したのは、十三年春であったが、すぐ許可されて、キ44の名称を与えられた。用兵側にも格闘性重視の中に、高速性（一撃離脱）を期待するパイロットがおり、重戦研究の必要性を感じていたのである。

もっとも、スピード一点張りで、運動性を考えに入れない戦闘機というのはありえず、日本人設計の重戦であれば、スピードと格闘性の兼ね合いがどこまでいくか、興味あるところであった。

要するに、用兵的立場と技術的立場のあゆみ寄りをいかにして成功させるかがカギといっていい。

その両方をつき合わせて、公約数的条件としたら、つぎのとおりとなった。
1、最大速度は高度四〇〇〇メートルで時速六〇〇キロ以上とする。
2、上昇力も五〇〇〇メートルまで五分以内とする。
3、そのためにキ27、キ43と基本設計は変わらないが、翼面積をできるだけ縮め、翼面荷重を一五〇キロ／平方メートル付近とする。
4、エンジンは、ハ41・一二五〇馬力（四〇〇〇メートル）を装備する。
5、胴体に七・七ミリ機銃を二梃、主翼に一二・七ミリ機銃を二梃装備し、対爆撃機戦に威力をもたせる。
6、巡航速度（時速四〇〇キロ）で航続時間を二時間三〇分とする。ただし、うち三〇分間の戦闘時間を含む。
基本設計は変わらないにしても、やはり軽戦と重戦の差異は歴然となって、ズングリ頭の、そして胴の長い、かつて日本で〝アブ〟とあだ名したソ連のI16をぐんとスマートにしたようなスタイルとなった。

まず、エンジンであるが、試作機には当時としては「寿」系列を複列一四気筒にしたハ41以外に高馬力と信頼性のあるものがなく、ようやく二型になってハ109・一四五〇馬力（爆撃機用の流用）をつけた。それでズングリ頭になってしまったわけである。

つぎに主翼面積は、翼面荷重一五〇キロ／平方メートルにするため、全備重量二二〇〇キロに対して一五平方メートルと決定したが、重量がしだいに増加して、荷重は一七〇から一八〇キロ／平方メートルに及んだ。このため着陸速度が非常に大きくなり、ベテランでも危険を感ずるというので、セミ・ファウラー・フラップ（主翼後縁下面が後方にせり出して、主翼面積をごくわずか増すと同時に抵抗をふやす）をつけて、着陸速度を時速一四五キロにおさえることができた。

蝶型フラップで性能アップ

このフラップを使って、空戦性能もよくしようというねらいは前からあったが、これを糸川英夫技師が担当し、ついに精巧な〝蝶型フラップ〟を完成、ＰＥ実験機につけてテストした。

結果は驚くべきもので、旋回半径を、取りつけないときの半分近くにすることができた。これによって離着陸を安全にしたばかりでなく、重戦に軽戦の要素を兼ね備えるという大きなプラスをかちとった。キ44の見通しはぐっと明るいものになったのである。

蝶型フラップについては前にも述べたが、もう少しくわしく説明すると、油圧によって離陸時一五度、着陸時四五度（全開）、空戦時八～一〇度開く。それは操縦桿の上の赤（開）

青（閉）二個の押しボタンを押すことによって作動する。これは試作第一号機から取り付けられていたのではなく増加試作の第一二号機からであった。

小さな主翼は、高速旋回のとき自転現象を起こしたり、低速時にスピン（きりもみ）にはいりやすいので、胴体を比較的長くとり、垂直尾翼をずっと後退させた。これによって、射撃時の座りが非常によくなり、射撃テストではきわめて優秀な命中率を示し、採用への大きなポイントをかせいでいる。

重戦は、一撃離脱をはじめ、突っ込み速度が重視されるので、構造が脆弱では使用に耐えない。そこで、急降下制限速度を時速八五〇キロまでとり、びくともさせないため、主翼ぜんぶの内面に特殊な波板張りを第二号機からほどこした。この補強のおかげで、キ43のような空中分解事故は、試作一号機であったあとは発生していない。

主脚の轍間距離（左右車輪の間隔）は十分にとって、高速離着陸を安全にした。引き込みのオレオ式油圧作動は、チャンス・ヴォートV143戦闘機のものを参考とし、その確実性はキ43の比ではない。尾輪も引っ込めたのはスマートさばかりでなく、スピードを数キロ向上させている。

風防《キャノピイ》は試作三号機まで、後半部が固定され中央部をその内側にスライドさせていたが、四号機からあとは水滴型《ドロップ》となって、中央および後半部がうしろにスライドするようになった。また、頭当てから座席背後にかけて、厚さ一三ミリの防弾鋼板が置かれ、パイロットを保護したのは大進歩である。

燃料を積んでの航続テストでは、正規が約九三〇キロ、過重で約一七三〇キロだからまずまずである。二型では正規約一三〇〇キロに対し、過重二〇〇〇キロに伸びている。しかし、キ43で行なえた中国奥地進攻、および太平洋作戦には適さないと、不評を買う原因となるが、だいたい局地戦闘用のキ44に長距離性その他何から何まで求めようとするのが間違っているのであって、そこに用兵側の身勝手さがあったわけだ。

キ44を試作中の昭和十四年四月三十日、中島知久平は、政友会の第八代総裁に選ばれたが、久原房之助が、やはり総裁を名乗るハプニングがあって混乱した。また五月から九月にかけてノモンハン事件、九月三日にはドイツがポーランドに侵入し、第二次大戦をひき起こしている。さらに十月四日、知久平は反対派の手先と思われる暴漢から狙撃されたが、弾がそれて無事だった。とにかく、内外ともに事件多き年であった。

総合力でメッサーを上回る

キ44の試作第一号機は、昭和十五年（一九四〇年）五月に完成し、会社側の主任テストパイロット林操縦士によってひととおりテストされたのち、十月から立川にまわされて陸軍の審査を受けた。

一九三九年九月からのヨーロッパにおける第二次大戦で、メッサーシュミットＭｅ109など翼面荷重の高い重戦の活躍に、中島では、

「やはり先見の明あるキ44だった」

と意気があがった。

ところが、ハ41・一二五〇馬力エンジンは、予定どおりの性能を発揮できず、最大時速は五六〇キロ前後、上昇力は五〇〇〇メートルまで六分三〇秒と計画を下回る結果である。

「これでは使いものにならん。旋回性は、九七戦はもとより一式にも及ばない」

と、九七戦礼讃の明野パイロットは口をとんがらせたが、審査に立ち会った新藤少佐、森本大尉らは、

「高速重戦として、これだけの運動性があればじゅうぶんだ。スピードを利して九七戦にも勝ってみせる」

と好意的で、議論が二つに分かれ、キ44は宙に浮いた形になってしまった。そのうちヨーロッパの戦場は拡大し、登場する戦闘機もスーパーマリン「スピットファイア」、ホーカー「ハリケーン」(イギリス)、メッサーシュミットMe109、ハインケルHe110(ドイツ)など、みな重戦ばかり、そして、対戦闘機戦よりも対爆撃機戦闘に重点が置かれているのを見せつけられ、九七戦などの軽戦主張者もしだいに声をひそめてきた。

すでに、昭和十六年夏、ナチ空軍のパイロット、ロージッヒカイト大尉が来日し、輸入のメッサーシュミットMe109Eを用いて、各務原でキ27、キ43、キ44、キ45(のちの二式複戦「屠龍」)、キ60などと模擬空戦を行なった結果、キ44はMe109Eより空戦性能のよいことがわかった。もちろん、格闘性だけからいえば、キ27、キ43は、Me109Eにまさるのは当然としても、キ44、さらに双発のキ45でさえ、メッサーよりよかったのである。

しかし高速性能、一撃離脱、ダッシュ力などをまじえた総合性能からいえば、キ27、キ43、キ45は格闘性のよさを帳消しにしてしまうが、キ44はメッサーを上回るものと判定された。

また中島側の、キ44を日本初の重戦として成功させたいという執念は、相次ぐ改修をいとわず行なわれ、昭和十六年九月までに試作と増加試作をふくめてつくられた一〇機は、座席まわり、脚覆いの形、排気管の出口、尾翼の形などそれぞれ異なっている。

独立飛行第47戦隊「かわせみ部隊」の二式単座戦闘機鍾馗

「かわせみ部隊」が有効性を認める

それから間もなく、日本は太平洋戦争に突入することが必至となり、とりあえずキ44の試作機九機をもって実験部隊を編成し、実戦テストにふみ切ろうということになった。これが有名な独立飛行第47戦隊「かわせみ部隊」(一名、新撰組)で、山鹿《やまが》流の陣太鼓のマークを機体に描いていた。さきにも述べたように、この九機はみな少しずつ違っていたから、いかにも実験部隊らしいムードを持っていた。この部隊に属していた神保進大尉(四八期)は、

「使いなれるに従って、こんないい飛行機は少ないと思

中島二式単座戦闘機鍾馗二型甲

った。その加速性がたまらなくいいので、うっかりすると日本機ではなく外国機に乗っているような錯覚にとらわれた。それほど従来の日本戦闘機にはない魅力があった」

と語っていた。

「かわせみ部隊」は太平洋戦争開始二ヵ月前、審査主任の坂川敏雄少佐（四三期）を隊長とし

て編成され、十六年十二月四日に日本を出発、サイゴンに同月九日着、さらに二十五日、タイのドンムアン着、太平洋戦争に参加し、一機を途中着陸事故で失った。しかし進攻作戦には出撃できず、地上部隊のマレー快進撃後、シンガポール総攻撃（昭和十七年一月下旬）からトング

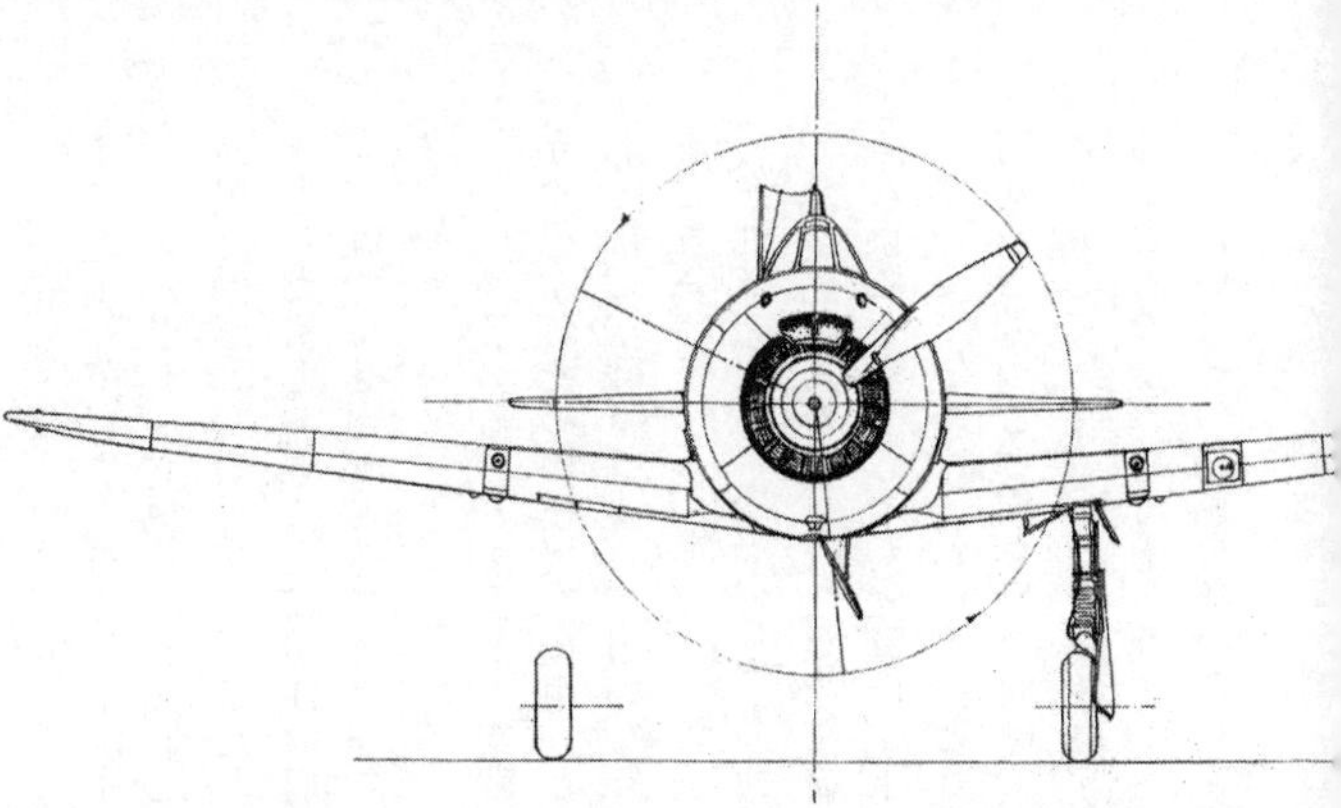

中島二式単座戦闘機鍾馗一型

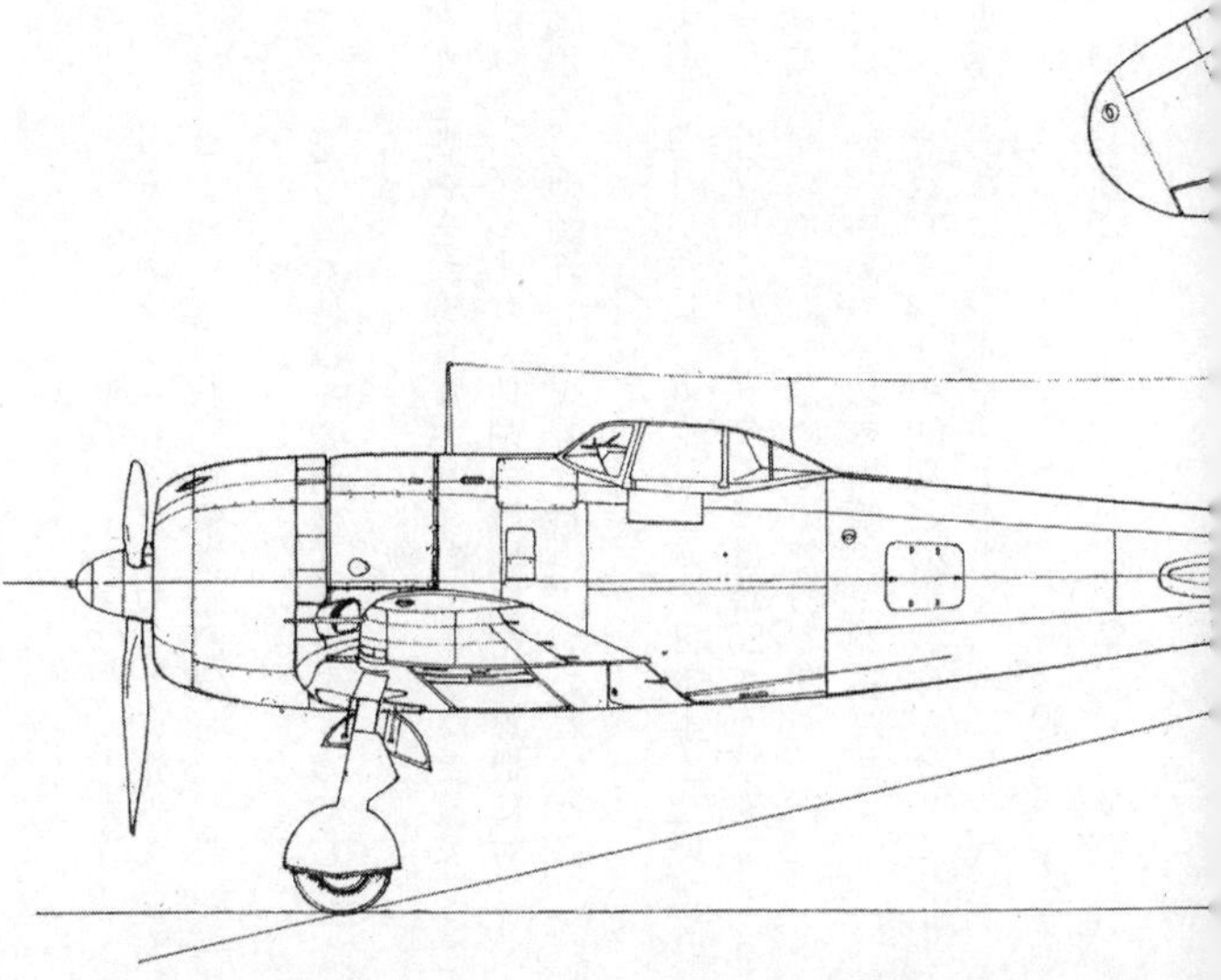

ーに進出して、ようやく敵地制圧を行なった。

シンガポール上空でホーカー「ハリケーン」、ブリュースター「バッファロー」に遭遇した黒江保彦大尉のキ44は、またたくまに「バッファロー」を落として初撃墜を記録した。しかし、おもしろいことに黒江大尉は、

「実戦ではぜんぜん空戦フラップを使用しなかったし、のちにはキ43同様、それをやめてしまった」

といっている。とすると、空戦フラップは、九七戦を忘れられないパイロットを、どうにか説得するための模擬空戦用具という見方も成り立つ。つまり、他国の戦闘機や爆撃機に対しては、空戦フラップを用いなくとも十分に通用する運動性を、キ44は持っていたということになろう。

それはともかく、「かわせみ部隊」は昭和十七年四月十八日、ドウリトルの日本本土空襲で急ぎ内地（松戸、のちに柏、調布、所沢、成増）へ呼び戻された。キ27ではB25さえ撃墜できないことをさとった陸軍は、東京の防空に重戦キ44のたすけを求めたのである。

ここまで気づくことに、何と月日のかかったことか。中島のキ12や川崎のキ28に対して、用兵側がもっと真剣な目を向けていれば、その流れを汲むキ44やキ60などの重戦は、とっくに大成していて、ドウリトル爆撃隊やB29超重爆にあれほどやすやすと本土をふみにじられることもなかったであろう。

しだいにその価値を認められてきたキ44は、陸軍技研が昭和十五年二月、川崎に対して試

作命令を出した二種の液冷エンジン戦闘機、キ60（重戦）、キ61（川崎流にいえば中戦）のうち、昭和十六年三月に完成したキ60と競い合う形になった。

キ44は相つぐ改修と改良で最大速度は時速五八〇キロを超え、また上昇力も五〇〇〇メートルまで六分をきるようになって、旗色がだいぶよくなり、着陸がむずかしいというマイナスを克服して増加試作につづく四〇機の生産がはじめられた。これは「かわせみ部隊」が活躍をはじめた十七年一月から、同年十月までの間にであるが、この生産が終わるころ、九月に、制式の二式単座戦闘機一型として採用され、「鍾馗」の名が与えられた。試作第一号機が完成してから、実に二年一ヵ月たっていた。

本土防空でB29を迎撃

一型のエンジンをハ109・一四五〇馬力に換装し、性能を上げた二型が昭和十七年八月から作られ、年末に制式採用となっている。この二型甲のあとの乙は、武装が胴体、主翼とも一二・七ミリ各二梃の合計四梃となったほか、眼鏡式照準器から光像式反射照準器となるなど、大きな進歩をみせ、二式全生産の大半を占めた。

甲、乙いずれも最大速度は時速六〇五キロ、上昇力は五〇〇〇メートルまで四分二〇秒、航続力二〇〇〇キロ（増槽付きの甲）である。

なお、対B29用に、二型丙も少数つくられた。胴体の一二・七ミリ二梃は変わらないが、主翼装備を二〇ミリ二門、あるいは四〇ミリ二門とした。それだけ武装強化に余裕のある機

つかの間の時間にくつろぎの顔を見せる少年飛行兵たち

体だったわけで、やはり、軽戦にはできない重戦のもつ強味だ。

昭和十九年になって、ハ145・二〇〇〇馬力（単排気管式）をつけ、性能の大幅アップを試みたが、すでにハ45・二〇〇〇馬力のキ84（四式）重戦が誕生していたため、少数機だけで中止となった。

キ44は試作から制式の一、二、三型を合計すると一二二五機つくられたことになるが、これは、さきに述べた第10飛行師団飛行第47戦隊のほか、飛行第70戦隊（柏基地）、京阪神防空の飛行第246戦隊（大正基地）、南方では飛行第85、第87戦隊（パレンバン）などに配備された。昭和十九年六月十五日、中国からのB29による北九州爆撃がはじまると、飛行第246戦隊は山口の小月基地に、また飛行第70戦隊は南満州の鞍山に転用され、B29の迎撃を行なった。

昭和二十年二月十九日午後、B29一二〇機による東京空襲で、第10飛行師団の二式単戦は大活躍し、体当たり二機を含む一〇機を撃墜した。このとき特別操縦見習士官出身者が、わずか二〇〇時間前後の飛行時間で出撃しており、従来一〇〇〇時間以上の者でないと乗りこなせないといわれていたのにもかかわらず、このみごとな戦果をあげた。

二式「鍾馗」は、着陸速度がはやく乗りにくいといわれていたが、それは翼面荷重の低い戦闘機に乗りなれ、重戦アレルギーをもっていた古いパイロットのいうことばで、若手のパイロット（将校はじめ少年飛行兵、特操を含む）は、少しも乗りにくいとは思っていなかったそうである。頑迷な用兵者とパイロットが、いかに飛行機の進歩を止めてしまったか、この一事がよく物語っているといえよう。

中島の政友会もついに解党

話はやや前後するが、昭和十五年三月末、枢密院議長であった近衛文麿公は、政友会総裁の中島知久平を自邸に招き、

「近ごろ、軍の横暴には手を焼いている。今のうちに手を打っておかないと、日本を破滅にみちびくおそれがあろう。軍をおさえるに足る大きな政党を結成したいと思っているが、ぜひ、あなたも協力していただきたい」

と懇請した。中島も、かねてからそう考えていたので、協力を約したのであるが、近衛はその後、陸軍に一喝されて態度を急変、各党の解散を中止させた。ところが七月二十二日、米内内閣のあとを受けて首班（第二次）となった彼は、再び各政党の解党を希望したので、中島はその軟弱さに腹を立て、

「そんなに腰の弱いことでどうする。軍があなたを操ろうとしているのがわからないのか。だから、いま直ちに、政党全部を解消することは、かえって危険である」

政友会総裁を務めた中島知久平

と、近衛を責めた。ところが、すでに社会大衆党（爆弾演説の斉藤隆夫除名問題で党内の対立激化し、七月六日に解党）、久原派の政友会（中島知久平の八代目総裁就任を不満とした久原房之助が、郎党とともにもう一派の政友会を結成、自ら八代目を名乗っていた）、国民同盟が解党していたので、政友会内部にも解散をのぞむ声が満ちあふれ、中島もついに七月三十日、解党せざるをえなくなった。残る民政党も、町田忠治総裁の拒否にもかかわらず、永井柳太郎（元東京市長）、三木武吉ら四〇人の代議士の一斉脱党にあい、やむをえず解党してしまった。

東京が焼野原になると警告

こうして、近衛の組閣三ヵ月後、十月十二日に「大政翼賛会」が発足した。結局、これはファッショ的、幕府的存在で、憲法の三権分立に反するものである。

中島と町田は、この「大政翼賛会」が立憲政治をおかすものと憤慨し、新しく強力な政党を、機をみて作ろうと手を結んだ。しかし、この企ても、なだれのような軍部の独裁と太平洋戦争勃発のため、機が熟さないまま終戦を迎えるにいたる。

いずれにせよ、中島知久平は、軍部、とくに陸軍の専横に心を痛め、政治家としても気骨のある態度を持していたことがわかるであろう。

さらに、中島知久平に先見の明のあったことは、十七年四月十八日のドウリトル空襲のあと「空襲をバカにしてはいけない。アメリカの大型爆撃機が生産にはいれば、東京は焼野原となってしまう」と予言、また、ガダルカナル争奪戦につづく第三次ソロモン海戦（十七年十一月十二日〜十四日）直後、「米軍はビスマルク諸島から委任統治領のトラック、サイパンに進攻してくるであろう。石油、ボーキサイトを運べなくなるばかりか、わが本土も爆撃されるであろう」と説いているのである。

そして、直ちに敗勢挽回策として、小型機の製作を中止し、B29、B36にまさる大型爆撃機（Z飛行機と名付けた）を、急ぎ製作して米本土をたたくことを提唱し、東条首相をはじめ陸海軍首脳に「必勝戦策」を建言した。これは、すぐには採用されず、十九年初頭になって、ようやく「試製富嶽（Z機）委員会」を設けることになったが、ときすでにおそかった。中島知久平委員長以下小山、西村、太田、松村、松田技師らの努力もむなしく、同年八月には中止と決まり、二十年春には委員会も廃止されてしまった（「富嶽」については第9章に述べる）。

各地に製作所と工場を増設

対米英戦争を指向した陸軍が、中島に陸軍機およびエンジンに関する総合研究試作施設の建設を指示してきたので、東京都下三鷹に三鷹研究所（後富士重工三鷹製作所、および国際基督教大学）を設けることになった。その起工式の日は、奇しくもパールハーバー攻撃の日、すなわち、昭和十六年十二月八日であった。

この日以後、中島に対する軍の増産要求はうなぎのぼりとなり、製作所や分工場を各所につくり求めなければならなくなった。

昭和十七年以降に起工したおもな製作所は、半田製作所（海軍機）、宇都宮製作所（陸軍機）、大宮製作所（発動機）、浜松製作所（発動機）三島製作所（機関砲関係）などで、分工場には、繊維工場その他の工場を接収、または転用したものが多い。昭和十九年末までには、製作所一二、工場および分工場五六、従業員二〇万人、年間生産高・機体約八〇〇〇機、エンジン約一万四〇〇〇基に達する成長をとげた（ピークは昭和十九年で、七九四〇機生産）。

なお、昭和十八年十月、武蔵野製作所（陸軍用発動機）と多摩製作所（海軍用発動機）を合併して、武蔵製作所と改めた。ここでハ45・一八〇〇馬力、「誉」の一一型・一八二〇馬力、同二二型・一九九〇馬力などの高馬力エンジンを製作していたので、B29の東京空襲のときには最初から最大目標とされ、大損害を受けたことはよくご存知のとおりである。

ついでに、昭和二十年にはいってからのことも記すと、四月一日から、軍需工廠官に基づく第一軍需工廠に指定され、設備、従業員のすべてが軍の管轄下に置かれた。しかし、空襲による被害が増大していき各製作所、工場は急速に疎開せざるをえなくなり、地方の民家、納屋、山間、地下などに分散していった。終戦時には、ほとんど機能を停止したところもある。しかし、終戦までの中島の総生産機数は、他の飛行機製作会社および航空工廠中最高で、二万九九二五機にのぼっている。

九七重爆の後継機となった一〇〇式重爆撃機呑龍

一〇〇式重爆「呑龍」が誕生

太平洋戦争にはいったころの中島機で、忘れることのできないのは、陸軍の一〇〇式重爆撃機（キ49）「呑龍」と、海軍の九七式艦上攻撃機、および三菱「零戦」であろう。

陸軍最初の近代的高速重爆として、日中戦争、および太平洋戦争の全期間にわたり活躍した九七式重爆は、昭和十一年に三菱と中島に対し試作発注された同じくキ19を、激烈な争いののち機体が前者、エンジンが後者という組み合わせで採用され、十三年四月から生産にはいった。

中島では、この一型だけを三五一機製作しているが、そのころ（十三年夏）陸軍はさらに、戦闘機の護衛を必要としない高速強武装の重爆を、中島に発注した。

中島はキ19設計の経験をもつ松田技師にやらせる予定だったが、彼はその不採用でノイローゼとなり休養していたので、やむなく、小山悌技師を設計主務者とし、西村節朗、木村久寿、糸川英夫技師らの協力による戦闘機設計チームで臨むことになった。

重爆として、初の時速五〇〇キロ以上、初の尾部銃座（七・七ミリ×二）と後上方銃座（二〇ミリ×二）の組み合わせ、航続力三〇〇〇キロ、爆弾搭載量一トン、防弾鋼板の装備など、新しいアイデアと構造に満ちていた。

試作第一号機は、昭和十四年八月に完成し、テストしたところ、ハ5改・一〇八〇馬力は出力不足でハ41・一二五〇馬力に換え、ようやく最大時速四九〇キロに達した。また、爆弾搭載量も〇・五〜〇・八トンとやや少なく、期待ほどではなかったが、改修のうえ、敵戦闘機に対する撃退能力が買われて、十六年三月、一式戦「隼」が制式に決まる一ヵ月前、一〇〇式重爆一型「呑龍」（キ49Ⅰ）として採用された。愛称は、中島発祥の地の氏神様にちなんだことはもちろんである。

エンジンをハ109・一四五〇馬力に換装し、各部を改良したものを一〇〇式二型重爆（キ49Ⅱ）といい、六〇一機つくられ、一型の一二九機および試作、三型など合計七九六機が生産されている。

活躍の場はそれほど多くなく、十八年夏のポートダーウィン（オーストラリア）爆撃、フィリピン作戦のコレヒドール爆撃、菊水特別攻撃隊、といったところがおもなものであった。

九七艦攻も制式採用に

九〇式艦戦、九五式艦戦、九〇式水偵、九五式水偵と、海軍向けには単発機で勝負してきた中島が、九試陸攻として三菱（G3M）と双発陸上攻撃機の座を争った試作LB2長距離爆撃機は、その優秀性を認められながらも採用されなかった。

そこで、一〇試艦上攻撃機の試作命令（昭和十年）に対し、やはり三菱と相争うことになった中島が、異常な情熱を燃やしたことはもちろんである。

このころ、アメリカでも、艦上爆撃雷撃機を単葉高速化しようという方向にあったので、いずれも単発単葉三座艦攻案で進められたが、中村勝治技師を設計主務者とする中島のものは、片持式低翼単葉、単ケタ式応力外皮構造、手動油圧式主翼折りたたみ装置、油圧式引込脚、セミ・インテグラル・タンクなどの、当時としては画期的新構造の機体となり、三菱案をしのいだ。

昭和十一年十二月、試作第一号機は完成し、約一年にわたるテストと改修ののち、十二年十一月、九七式艦上攻撃機として制式採用された。この一一型（B5N1、

真珠湾攻撃でその性能を発揮した九七式艦上攻撃機

零戦艦上戦闘機三二型。中島製栄エンジン二一型を装備した

旧名一号）は「光」三型・八四〇馬力エンジンで、最大速度は時速三五五キロであったが、一二型（B5N2、旧名三号）では「栄」一一型・九七〇馬力エンジンに換装され、最大速度も時速三八〇キロに向上している（十四年十二月に制式採用）。

スピードはそれほどでもなかったが、九一式八〇〇キロ魚雷を搭載しての超低空雷撃は、安定して座りもよく、パールハーバー攻撃の浅海面雷撃を可能にしたことで、一躍、名をあげた。海軍が陸軍に突つかれて、対米英戦争を真剣に考えるようになったのは、この九七式艦攻と「零戦」のタイムリーな出現に、ある程度負うところあったといわれる。

アメリカ海軍がこのころ装備していた、ダグラス「デバステーター」などより、その実用性においてはるかにすぐれていたことは、戦後のアメリカ公刊戦史の中にも出ており、また、マリアナ海戦のころまで第一線機として活躍していたことも、本機の多用性を物語っている。しかし、十八年ごろからは、鈍速のため犠牲は増大し、各型合計一二五〇機のほとんどすべてが壊滅してしまった。

もう一つ付け加えなければならないのは、零式艦上戦闘機で、この三菱製の名だたる機体のエンジンが、中島製の「栄」一二型であったことである。三菱と中島の合作機といってもよいものであり、「零戦」は、この栄エンジンなくして成立しなかったものであり、三菱と中島の合作機といっても過言ではない。

さらにその量産は、三菱におけるよりも中島でのほうが倍近く多い。すなわち、三菱で約三八八〇機、中島で六五四五機つくられ、合計一万四二五機という、日本最多量産機の名誉に寄与した。

また二式水上戦闘機というのが、「零戦」一一型の水上機型であることは有名であるが、すでに昭和十六年のはじめから海軍が中島に対してその改造命令を出しており、太平洋戦争のはじまった同年十二月に、試作第一号機が完成していたことはあまり知られていない。やはり、水上機に多年の努力と実績をもった中島であったからこそ、短期間に仕上げられたのであって、アメリカのグラマンF4F「ワイルドキャット」を、エド社でぶざまな水上機にしてしまったのに比べると、その手腕は雲泥の差があったといってよかろう。

アリューシャン作戦、ソロモン作戦など、陸上機の進出できない地域で防空戦闘、掩護戦闘に従事し、目覚ましい活躍をしたが、その期間はあまり長くはない。中島で合計三二七機が生産されている(「零戦」の中島生産分の中に含まれる)。

7 大東亜決戦機「疾風」誕生

川崎が、重戦キ60と中戦（重戦と軽戦の中間的なものとして、川崎が名づけた）キ61の発注（昭和十五年二月）を受けて、まず、キ60を十六年三月、つづいてキ61を同年十二月、それぞれ試作第一号機の完成にもちこんだが、キ60は中島の重戦キ44（二式単戦）に敗れたことを前に述べた。

キ60は、重戦としては良好な運動性をもっていたが、最大速度が時速五六〇キロであり、結局、キ61のテスト・ベッド（実験台）として消えてしまったということができよう。

エンジン故障続出の三式戦

太平洋戦争がはじまって、すでに一式「隼」が配備につき、二式「鍾馗」も、古い軽戦至上主義パイロットからきらわれたが、戦闘機の本質の理解者や新進気鋭のパイロットに歓迎されて制式化されるのを見ながら、陸軍のキ61に対するホレようも一通りでなかった。

三式戦闘機飛燕。エンジンの故障続出、生産遅延に悩まされた

つまり、完成直後のテスト飛行で、兄機のキ60を三〇キロも上回る時速五九一キロの最大速度を出し、日本における当時の最高速戦闘機となったのと、翼面荷重を一五五キロ／平方メートルにおさえて運動性をよくしたこと、および無類のカッコよさ——ドイツのメッサーシュミットＭｅ109や、イギリスの「スピットファイア」、「ハリケーン」、アメリカのカーチスＰ40などの液冷式戦闘機にまさる空力的洗練さに魅了されたのである。

昭和十七年八月、三式戦闘機として制式採用になり、四月には飛行第68戦隊へ配属されてラバウルに送られるというスピードぶりだったが、このとき、たちまちエンジンの欠陥ぶりを暴露してしまった。

トラック島からラバウルに向かった一三機（二七機を二隊に分けた）のうち、エンジン故障と航法ミスのため二機を失い、八機が不時着、一機のみがラバウルに到着し、二機はトラックへ引き返すという惨憺たる有様だった。

その後、第78戦隊も三式戦に機種改変を行ないラバウルに進出したが、両戦隊とも冷却器、燃料ポンプなどのエンジン故障で事故があいつぎ、パイロットの信頼感を失ってしまった

（のちに、両戦隊ともニューギニアのウエワクへ移動）。

これはドイツから輸入した新型のダイムラー・ベンツＤＢ601液冷エンジンを、たやすく国産化（ハ40）できると思った陸軍およびメーカーの大失敗で、日本では古いＢＭＷ系の技術しか持ち合わせていなかったのである。しかし陸軍は、しゃにむにハ40の生産を強行させ、しまいには性能アップのハ140・一五〇〇馬力までつくらせたが、故障と生産遅延で、エンジンのない首なし機体が続出した。

飛燕の機体にハ112Ⅱ空冷式エンジンをとりつけた五式戦闘機

　航空審査部長の今川一策少将は、この無策ぶりに業を煮やし、ひそかに工場の隅で信頼性ある空冷式エンジン、ハ112Ⅱ・一五〇〇馬力をつけた機体を試作させ、テスト飛行に明野飛行学校の教官も乗せたところ、これはすばらしいと好評だった。それまで空冷化をしぶっていた航空本部も、自らそれを試作させたようなことをいって、昭和二十年春、キ100（五式戦）としてそのままパスさせ、制式採用した。

　これが、Ｂ29迎撃に活躍した五式戦誕生の裏話である。

ノイローゼになった小山技師長

キ84の設計に携わったスタッフ。左より小山悌、飯野優、青木邦弘各技師

太平洋戦争にはいる前、陸軍の航空技研は実に多くの試作内容を各会社に対して行なった。その多くは計画だけで中止となり、実際に活躍した軍用機は少なくなっているが、この無思慮と無定見はメーカーを混乱させ、技術者を疲労困憊させた。

中島にもキ62軽戦闘機、キ63重戦闘機、キ68遠距離爆撃機、キ75多座戦闘機、キ80多座戦闘機、キ82重爆撃機などが内示されたが、ほとんどペーパープランのみに終わっている（キ82だけモックアップ＝木形模型＝まで製作）。しかし、こうしたわずらわしさが、技師たちを疲れ切らせた。

とくに技師長の小山は、昭和十六年八月、取締役就任と同時にドイツ行きの密命を帯び、そのための国内の視察旅行中、過労から肺炎で倒れてしまった。中島の太田病院に一ヵ月入院し、いったん出社したのがいけなかった。こんどは過度の不眠症に悩まされ、十月の末にはふたたび太田病院にもどることとなったのである。

――いったい私は、軍用機づくりでどれだけ国家に貢献しているのか。そして、陸軍の要求をのんでつくっていることが、果たしていい方法なのか。戦闘機にしろ爆撃機にしろ、いったい米、英、ソの新鋭機を相手に、まともに戦えるのだろうか。キ44はいったいどうなるのか？

こう考え悩んでくると、いても立ってもいられなくなり、長い夜も白じらと明けてくる。完全なノイローゼ症状だった。彼には、一式戦「隼」にしろ、一〇〇式重爆「呑龍」にしろ、あるいは三菱の「零戦」にせよ、一式陸攻にせよ、もし米英と戦端を開いた場合、いずれは旧型に属して押される運命にあることを、技術者の目からよく察知していたのである。——もっと先を見越した、より高性能の、そして大型のものを開発しておかなければ……。あせればあせるほど、目がさえて眠れなくなる。

近藤芳夫技師

十二月八日夕、彼は、日本がアメリカ、イギリスと戦争状態にはいったことを病院で知った。

——陸軍も海軍も、現在のていどの飛行機で、いったい勝算があるのか。陸軍には、渡洋作戦のできる戦闘機がないではないか。

えい、ままよと、医者から止められていた酒をあおった。半年近く断っていたアルコールの心地よい酔いでぐっすり眠れた。これが一種の逆療法となって、小山は少しずつ快方に向かい、十二月なかば退院することができた。この直後（十二月二十九日）のことである。陸軍からキ84（四式）重戦闘機の試作内示を受けたのは……。

小山は、退院してすぐ伊豆下田で転地療養し、翌十七年四月から出社しているので、このキ84の初動計画に直接参加していないが、主務設計者として名を連ね、西村節朗、飯野優、近藤芳夫ら各技師が担当した。なお、糸川英夫は、飛行機会社技師として陸軍の命のままに動かされることに疑問を感じ、そうした制約のない大学教授職を選び、昭和十六年八月に退職し、同年十一月から東京帝国大学工学部助教授に就任した。

「隼」と「鍾馗」の長所を結合

キ84の条件は、太平洋戦争開始直後のことから、アメリカ、イギリスのノースアメリカンP51「ムスタング」、リパブリックP47「サンダーボルト」、ホーカー「タイフーン」、スーパーマリン「スピットファイア」の改良型など、一五〇〇馬力から二〇〇〇馬力級の現用、試作戦闘機を意識して、かなり飛躍した重戦になっていた。

1、中島製ハ45（海軍名「誉」）二〇〇〇馬力（離昇出力）エンジンを装着する。
2、最大時速は六五〇キロ以上とする。
3、上昇力は五〇〇〇メートルまで五分以内。
4、行動半径は時速四〇〇キロ、二時間三〇分でキ43と同程度。
5、空戦フラップを使用して、キ44以上の格闘性をもつこと。
6、武装はホ103・一二・七ミリ機銃二梃（胴体）、ホ5・二〇ミリ機関砲二門（主翼）を装備する。

つまり、一式「隼」と二式「鍾馗」の長所をとり入れた、構造的には穏当な重戦ということができる。中島の設計陣としては九七戦、一式戦で軽戦、二式単戦で重戦を追究し、それぞれの特質をのみこんでいるだけに、それほど困難すぎる問題ではなかった。

「ハ45をつけた場合、この二〇〇〇馬力を吸収させるにはどうしたらいいかな」

「これまでのハミルトン定速ピッチではだめでしょう」

「やはり、電気式定速ピッチでないと、いうことをきかないと思う」

「日本での実用化はラチエだけだね」

西村、飯野、近藤らの考えでは、エンジンの力をフルに発揮させるために、電気式定速プロペラを装備しなければならないということだった。そのため、フランスのラチエ式を改造したペ32を用いる予定にした。

しかしとにかく、一年後には試作機を送り出さなければならない。アメリカ、イギリスの恐るべき航空工業力は、潮のごとく二〇〇〇馬力戦闘機を太平洋方面にさし向けてくるであろう。昭和十七年一月半ば、彼らは急ぎ、キ84の要目をまとめて陸軍に提出した。

中島製ハ45(海軍名誉)空冷式エンジン二一型

陸軍側はその後、整備取り扱いが簡単なこと、多量生産に適すること、着陸速度を低くし未熟操縦者にも楽に着陸できることという要求をつけ、戦勢をいっきょに決すべく〃大東亜決戦機〃の色合いを出してきた。

四月になって、小山技師長は病ようやく癒えて出社し、スタッフはさっそく設計にとりかかった。整備取り扱いが簡単で、多量生産向きという見地から、九七戦、一式戦、二式単戦で一貫してとってきた主翼と前部胴体の一体構造に後部胴体をボルトでつなぎ合わす方法をそのまま採用した。また主翼前縁を左右一直線とする直線翼も踏襲して、一式戦の治具をそのまま流用することになった。さらに基準孔集成法というドイツの多量生産方式をとり入れ、工作手数の減少をはかった。

ハ45「誉」も「寿」、「栄」、「護」の開発で大きな実績をもつ荻窪工場が、関根技師長、小谷、中川両技師らの努力で、改良につぐ改良をつづけている。アメリカの代表的二〇〇〇馬力級エンジン「ダブルワスプ」が、直径一・三二一メートル、重量一トンなのに対して、ハ45の直径は一・一八〇メートル、重量八三五キロで、ぐっとコンパクト化されているから、「鍾馗」あるいは海軍の局地戦闘機「雷電」などより、機首を細くしぼることができるだろう。

キ84の試作はじまる

かつての〃大所長〃（所長・中島喜代一に対して）代議士、中島知久平の案じていた日本衰運が、早くもその年（昭和十七年）後半にやってきた。

ミッドウェー海戦につぐガダルカナル島攻防戦、ソロモン海戦と日本の旗色は悪くなり、「零戦」、「隼」、九七艦攻、一式陸攻、九七重も、どしどしその数を失っていく。このような状況下に、キ44の制式化がようやく決定（九月）し、キ84は太田技師らに引き継がれ、試作（十一月）がはじまった。

主翼面積は二一平方メートルと決定し、これは「隼」よりやや小さい。これに全備重量の三八〇〇キロを支えさせるのだから、翼面荷重は一八〇キロ／平方メートルに及ぶ。つまり「鍾馗」と同じ値である。

主翼断面はＮＮ2を中央翼に、ＮＮ21を外翼に用い、翼厚を弦長（翼の前縁から後縁までの長さ）の一六・五パーセントから八パーセントにしてある（ＮＮとはＮＩＰＰ0Ｎ・ＮＡＫＡＪＩＭＡの頭文字をとったもので、ゲッチンゲンとかクラークと同じ意味）。

また、縦横比（アスペクトレイシオといって、翼幅と平均翼弦長との比）を六・〇八にしたことは、九七戦、一式戦によってこの値が失速性、運動性にもっとも有利という経験から決められている。ねじり下げ二度三〇分、上反角六度も同様で、空力的にもよいからである。しかし、主翼構造は、一式戦の三本ケタに対して二本ケタとし、波板裏張りで強度を増した。主翼外形は一式戦とほとんど変わらないので、治具の流用ができたわけである。

左右翼内に各一七三リットル、左右翼前縁部に造り付け各六七リットル容量の防弾燃料タンクがあり、輸間距離三・四五メートルの内方引込式主車輪の外方に、ホ5（二〇ミリ機関砲）が装備され、弾数は各一五〇発であった。両翼下には、落下タンク（容量二〇〇リットル）あるいは爆弾（二五〇キロ）の懸吊電磁器、および取付弾おさえが装備されていた。

尾翼まわりは二式単戦とよく似たものとした。すなわち、垂直尾翼を水平尾翼よりうしろにのばして、安定をよくしている。こうすると、射撃のとき機体がすべらず、命中度がよくなる。第1章にのべた若松中佐が、乗機四式戦により、遠距離からP51を撃墜したのも、その腕の確かさとともに、機体のすわりのよさもあずかって、力があったのである。

前部と後部二つに分けた胴体は、表面にＥＳＤ（強化ジュラルミン）を張った応力外皮、つまりモノコック構造で、防火壁の前に滑油タンク、うしろに防弾燃料タンク（それぞれ容量七〇リットル、二二七リットル）を置いた。その上方のメタノール・タンク両側にホ103（一二・七ミリ機銃）二梃が装備され、弾数は各三五〇発であった（引金は操縦桿にある）。尾輪も引込式を採用している。

計器板は、人工水準器を真ん中に、航法計器、エンジン管制計器が中央部にまとめられ、紫外線燈照射により、夜間飛行を助けた。計器板上面には、一〇〇式照準眼鏡が取りつけられて、スイッチを入れると黄色の照門像が現われる光像式であった。

座席左には、爆弾、あるいは落下タンクを投下するボタンつきのガス・レバーがあり、その内方にはピッチ・レバー（プロペラ）と混合比調整レバーがついている。そのうしろに、脚上下レバーと燃料切換コックがある。また、蝶型フラップ（離着陸時、および空戦時用）のボタンは、操縦桿頭部に赤（出）、青（入）二個ついていた。

風防は、前面固定部が七〇ミリの厚さをもつ防弾ガラスで、中央部はガイドレールに従って前後にスライドする。頭当ての後ろからその下方背当てまで一三ミリの防弾鋼板を装備していた。この防弾板の直後に無線機（九九式飛三号）の発信部と増幅部がゴムひもで吊るされてあり、その下にコンバーター（直流二四ボルトを交流一〇〇ボルトに変流昇圧する）が、取付台にボルト止めされた。

日本最高速記録を樹立

さて、キ84試作第一号機（八四〇一号機）は、昭和十八年三月、第二号機は同年六月に完成した。設計に着手してからちょうど一年であり、三菱の海軍向け一七試艦戦「烈風」が同じころ設計開始して、多くのトラブルから、試作第一号機まで一年半以上を要したのにくらべると、はるかに早かった。三菱側は設計主務者がまだテスト段階のハ43エンジン（三菱製MK9A、二〇〇〇馬力）に固執したのに対し、海軍航空本部側は実績あるハ45（中島製NK9H「誉」）を要求したのが遅れた原因である。末期的症状の戦争後半に、いったい、なぜ争っていたのだろうか。この点、陸軍のほうがはるかにスムーズにいっていた。

会社側のテスト飛行は、吉沢鶴寿テスト・パイロットにより、軍側の初飛行は翌四月、航空審査部（飛行実験部を併合）の主任、岩橋譲三少佐の手により、福生飛行場（現在の横田基地）で行なわれた。

「これはいける。手ごたえがすばらしい。スピードはまだまだ出そうだ。クセもないし……」

ニコニコしてキ84から降りてきた岩橋少佐を見て、小山技師長以下スタッフの目から熱いものが流れ落ちた。

テストには、審査部のそうそうたるメンバー、神保進少佐、荒蒔義次少佐（四二期）、黒江保彦少佐、伊藤高雄少尉（少年飛行兵第三期操縦出身）も加わり、熱がはいってきた。岩橋少佐の一号機は、ついに最大時速が実測六二四キロ（高度六五〇〇メートル）を記録した。もちろんこれは、日本の戦闘機による最高速度記録で、同年十二月二十七日、川崎の「研三」高速研究機（キ78）が時速六九九・九キロの非公認日本速度記録をつくるまで、トップの座を占めていた。

さらに、急降下による強度テストでは、時速八〇〇キロになってもビクともしなかった。これまで二式「鍾馗」以外、時速六五〇キロをオーバーすると機体にシワが寄ったのにくらべると、大きな違いである。

まるでクルーザーのようだ

しかし、テスト中の事故もなかったわけではない。昇降舵の一部がフラッター（異常振動）によって飛散し、岩橋少佐はよく機を操縦、福生飛行場いっぱいに使ってようやく着陸したし、また伊藤少尉は着陸降下中、フラップが急に引っ込んで失速墜落し、頭の皮膚を毛髪ごとはがしてしまったこともある。

また、ハ45があまりにも精密敏感すぎて、量産をはじめたらしだいに予定性能を出さなかったり、不調が目立つようになった。これらはガソリンおよび潤滑油の質の低下や、電気系統のトラブルによるものもあったが、とにかく直ちに制式採用というわけにはいかなくなってしまった。

そこでとりあえず、八月から生産しながら改良していこうということになり、十九年三月まで、じつに八三機の増加試作機がつくられた。これらはそれぞれ、どこかこまかい部分が違っており、性能をもやや異にしている。

たとえばペ32の調子が悪いため、電気系統に手が加えられていたり、脚の引込装置の改良、エジジンの油温、筒温が上昇するので、カウリング付近をいろいろ設計変更したりしている。

このうち何機かは、明野飛行学校にも回されて教官らのテストを受けた。このとき、キ44から重戦の特質をよく認めていた明野教導飛行師団司令部付の代永兵衛少佐（ノモンハン当時、飛行第24戦隊第2中隊長）は、キ84の感想を、

「どっしりとして、まるでクルーザー（巡洋ヨット）に乗ったような感じだった」

といった。それまでの軽戦がモーターボートなら、キ44がモーターヨットで、キ84が巡洋ヨットという感覚であったろう。

「舵は重く、ひっぱり回したら目がくらむようだった」

ともいった。それまで手足のように動かしていた軽戦から、ややひきずられかげんのキ44となり、ついにはふり回されそうなキ84を体験したというわけである。

ここで大切なのは、重戦主義のアメリカでは一九四二年からG（重力）に対する耐G服を開発し、急激な引き起こしや回避運動の際の体力維持をはかっていたことだ。しかし日本では、せいぜいサラシを巻くかハラマキをきつく締めるといった程度でお茶をにごしていた。ただでさえGに強い体力のアメリカ人なのに、耐G服を着こめばぐっと有利になる。日本に重戦はできても、過激なGのため軽戦になれたパイロットの手に余る場合を生じたことは想像にかたくない。

大東亜決戦機「疾風」と命名

しかし、キ44で重戦の魅力を知ったベテラン・パイロットたちから、キ84は大きな支持を得た。やはりその特質は、ベテランだけにすぐのみこめ、優れた敵に対抗するにはこれでなければならぬと悟ったのである。

実用試験では、水戸に一個中隊を編成し、明野からの仮想敵編隊を迎撃させたり、一万メートルにおける対爆攻撃演習を実施する一方、昭和十九年三月一日から東京都福生の航空審査飛行実験部で、キ84増加試作機による飛行第22戦隊が編成された。

戦局の急迫によって、キ84テスト未了のまま一個戦隊をつくり、実戦テストをしようというので、戦隊長はキ84審査主任の岩橋譲三少佐がそのまま任命され、パイロットには、実戦経験者を含む優秀な者が当てられた。相模原飛行場で猛訓練にはいったとき、四月はじめ、キ84を四式戦闘機「疾風」として制式採用が決まり、〝大東亜決戦機〟とも呼ばれて、最優先量産されることになった。

ちょうどこのころ、三菱の双発重爆キ67もテストを終わり、四式重爆撃機「飛龍」として制式採用された。四式の「疾風」「飛龍」は、ともに敗勢を挽回する〝大東亜決戦機〟となって、陸軍の期待をあつめることになったが、さて、その後の経過はどうであっただろうか。

四式戦戦隊が次つぎと登場

相模原における飛行第22戦隊の四式戦は、はじめの増加試作機（十八年八月から十九年三月までの八三機）のうちから、四〇機ほどを当てていたが、それらは、各機こまかい部分が少しずつ違っていても、ハ45エンジンをはじめ、機体装備が入念につくられていたので、稼動率はかなりよかった。

戦隊に中島の技師たち（機体関係、エンジン関係、プロペラ関係の専門家）がついてまわって、ベテランのパイロットや整備員に技術指導を行なえたことも、よい結果をうんだ原因の一つである。

昭和十九年五月十二日の大陸命で、第22戦隊はフィリピンに進出する予定だったが、中国中部に、米第14航空軍のP51、P47など有力戦闘機出現によって、中国派遣軍から「四式戦の第22戦隊を、当方へ一時転用されたい」との要請が出、八月二十一日、相模原を出発、二十八日、大場鎮に到着、二十九日、早くも出撃、活躍したことはすでに述べたとおりである。

また九月からは、飛行第85戦隊（広東基地）も四式戦に改変され、第2中隊長若松大尉の

奮戦も前にくわしく伝えた。
これらの機体は、十九年三月から六月にいたる二度目の増加試作機（能率的な多量生産化をはかって小改修をほどこした四二機）および同年四月からはじめられた制式多量生産機（終戦までに三五七七機）のはじめの一部だったであろう。やはり手

中島四式戦闘機疾風

入れよくつくられていたのとパイロットの練度がよかったので、故障や事故は少なかった。

四〇パーセントを割った稼動率

ところが、十九年の秋以後、生産ラインを出てきた四式戦から、とみに稼動率が悪化してきた。その原因の多くは部品の不

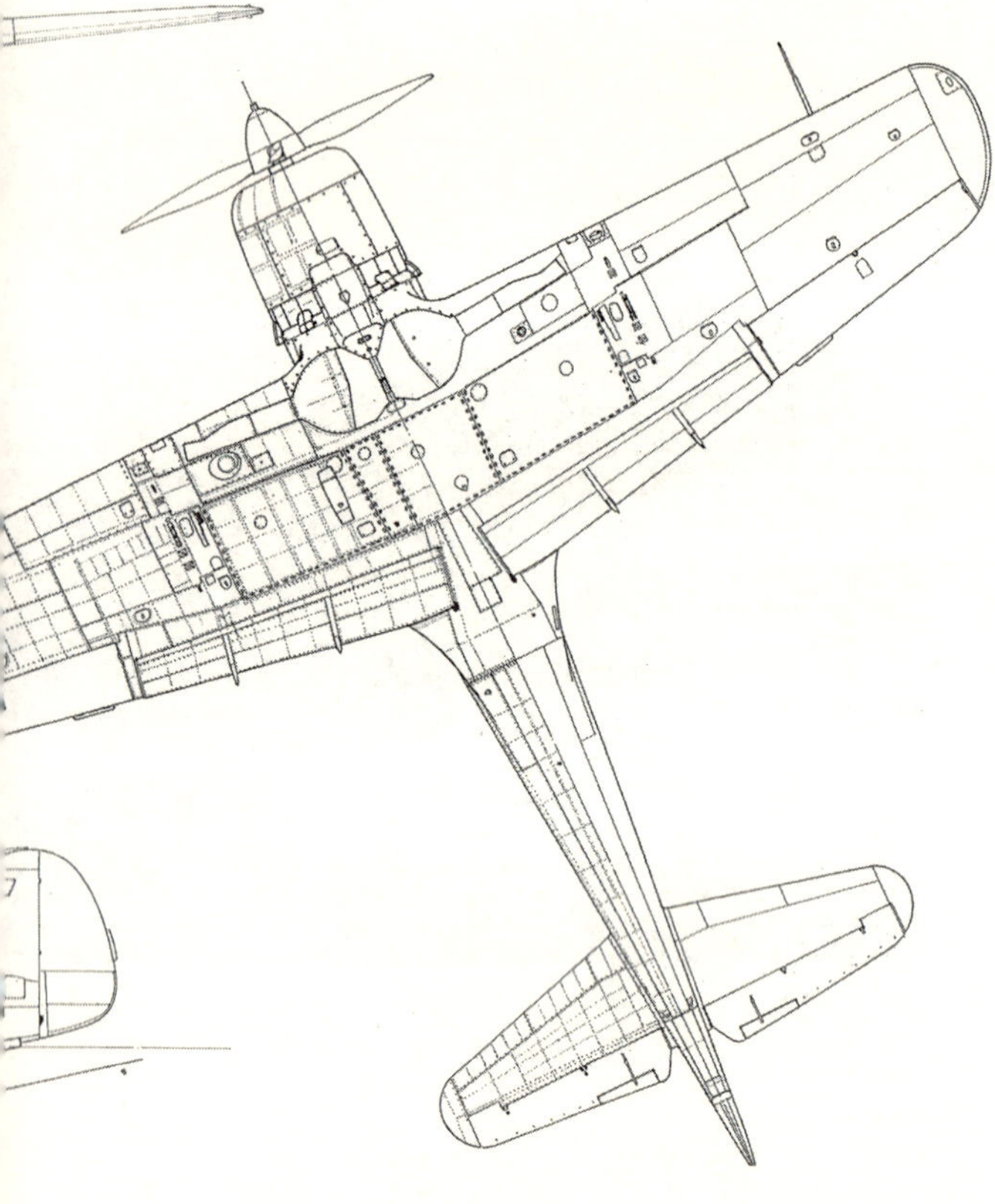

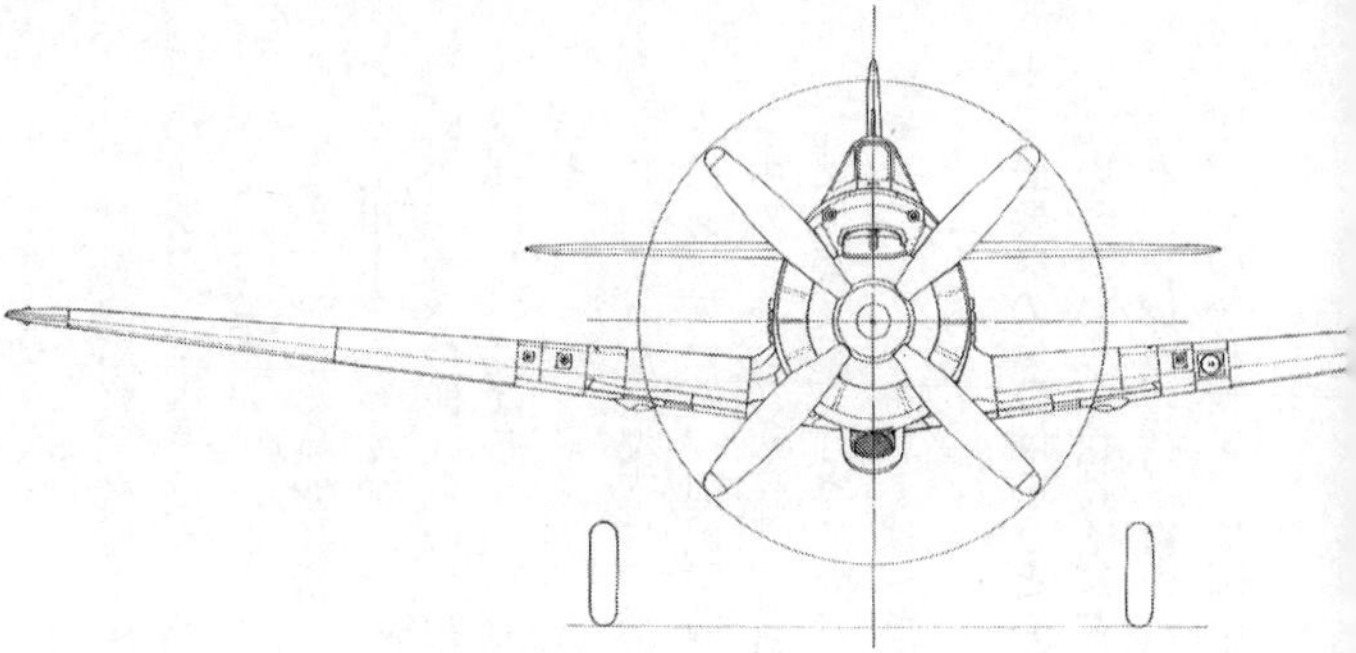

中島四式戦闘機疾風

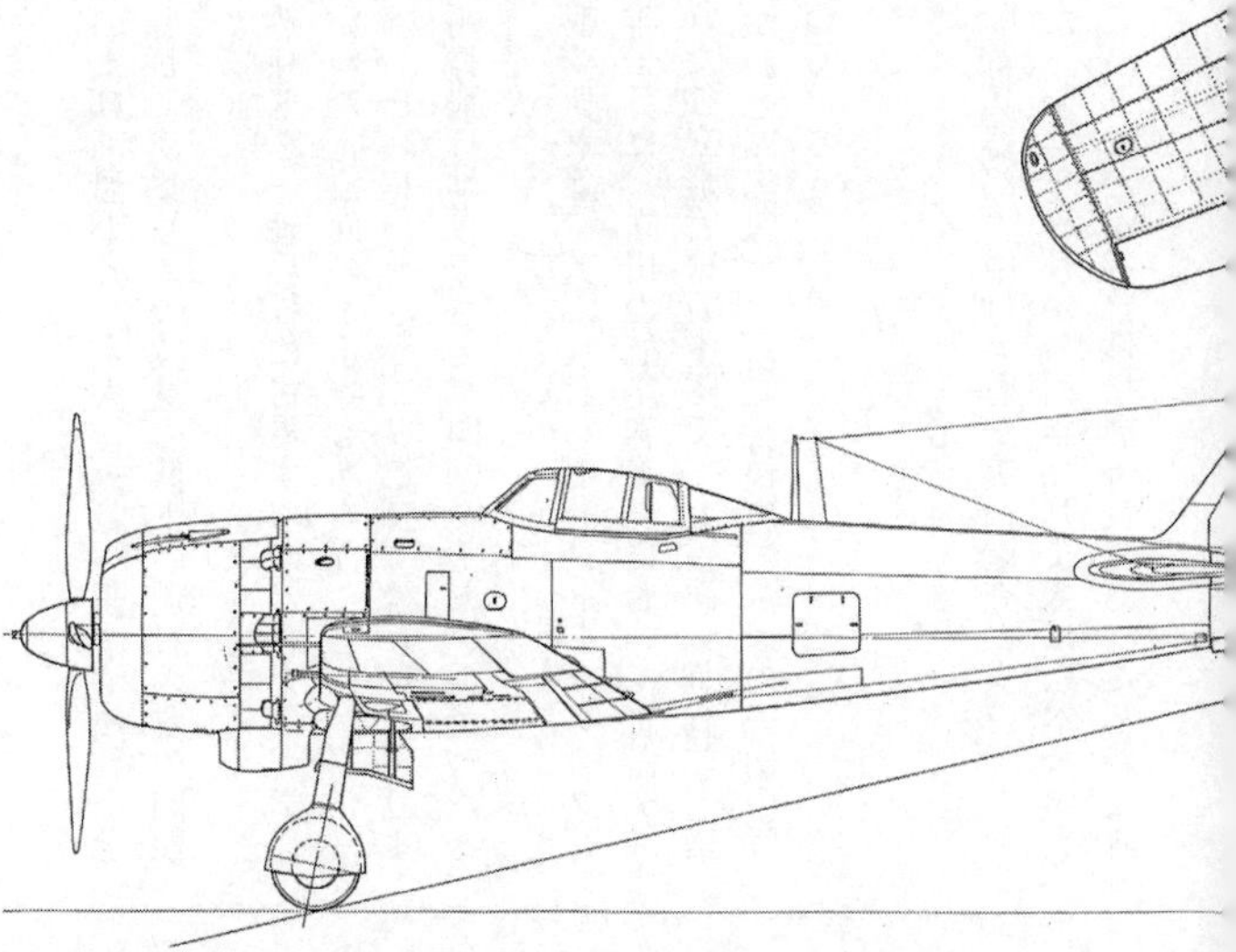

足、材質の不良、徴用工による工作の不良化および油温上昇、点火栓故障、潤滑油洩れなどのエンジン・トラブルであったが、パイロットおよび整備員の技量の低下、燃料の質の問題がそれに輪をかけたといえる。

また、日本の航空技術の底の浅さ、さらに熟練工を一般兵科に召集するかと思えば、学徒や徴用工をもって飛行機の製造に当てる、といった行政面の不手際もあろう。とにかく、当時の各戦隊の四式戦の稼動率は、よくて四〇パーセント、悪いところで二〇パーセント、はなはだしいのはゼロ・パーセントであった。明野飛行学校でさえ、四〇パーセントだったという。

このような状況下に、飛行第47戦隊の四式戦稼動率は、実に八七パーセントをコンスタントにあげていた。同戦隊の前身が、昭和十六年十月に、立川の航空審査部においてまだテスト中のキ44（二式単戦「鍾馗」）により編成された独立飛行第47中隊で、太平洋戦争直前、増加試作機九機をもって南方軍に編入された「かわせみ部隊」（一名、新撰組）もその一個中隊であったことを思えば、さもあろうと推察がつくだろう。

必要なのは飛ばそうとする熱意

いったいこの稼動率は本当であろうかと、陸軍兵器部の中村大尉が実情調査に当たったところ、整備隊の技量優秀ということがわかった。十九年一月から同年九月までは松本公男大尉、その後終戦までは岡田作三少佐が同隊長をつとめたが、整備指揮班長であった刈谷正意《まさおき》中尉の腕は抜群であった。

二十年二月十六日、関東地区に来襲した米機動部隊艦載機を成増基地から迎撃した第47戦隊の二六機は、太田上空でグラマンF6F一六機、カーチスSBC二機を撃墜、四機を失う（第10飛行団全体としては六二機撃墜、三七機喪失）という戦果をあげ、四式戦の故郷における錦を飾ったが、よく整備された機体だったからこそ、ということができる。

その後、第47戦隊は機動部隊攻撃のため、三〇機編成で大阪の佐野飛行場に展開したが、ともに作戦した第16飛行団三個戦隊九〇機が、一ヵ月間の稼動率三〇パーセントであったのに対し、同戦隊は無事故で、稼動率じつに一〇〇パーセントをあげ、成増基地に帰還したのである。

第47戦隊整備指揮班長の刈谷中尉

このすばらしい成果を見て、陸軍は昭和二十年四月二十六日、四式戦闘機を保有する戦隊の全整備隊長を成増第47戦隊にあつめ、整備教育をおくればせながら実施した。

「キ84は飛ぶようにできている。これを飛ばせなければおかしい」

と刈谷中尉が、少佐、大尉級の整備隊長を前にブッたのであるから、ちょっと異様な風景であったろう。彼はさらにいう。

「キ84が飛ばないというのは、整備隊長の怠慢であり、責任のがれに過ぎない。完全無欠な飛行機は望むべくもないが、整備技術でカバーできるはずだ。要するに、飛ばそうとする熱意で、稼動率を倍にハネ上げられる」

各整備隊長も、実績十分の中尉にハッパをかけられて、文句もいえず、また確かにそうだと観念して帰っていった。

しかし、第47戦隊は「指揮小隊」という全飛行隊のどこにもなかったシステムを持っていた。これは、全般の技術的指導監督、各小隊間のコントロール、対外連絡、資料の作成と収集など、整備全般のトップマネジメントをつかさどるものであった。これに付随して徹底した時間点検を行なっていたが、受領機をゼロ・アワーで整備点検開始し、五〇時間飛行後、戦闘に出す。そして、二〇時間ごとにチェックし、八〇時間でプラグを交換、四〇〇時間でオーバーホールしている。

このようにして、エンジン、プロペラの換装は、わずか二時間で行ない、エンジンの芯出し点検も、プロペラ軸心で二ミリと狂わなかった。

五月二十七日、都城西飛行場に前進して約五〇機で沖縄作戦の特攻機掩護に当たったが、飛行場大隊の整備小隊長が、不思議そうな顔をして、

「あなた方の隊では整備をしないのですか」

といった。さらに、

「他の戦隊では、出発しても途中から続々と引き返してくるのに、整備しないあなた方の隊

は、まったく引き返してこない。おかしいですねえ」

と首をひねっていたという。あたりまえのことが不思議がられたわけだが、当時の日本の整備状態をよくいいあらわしている。

整備困難なハ45エンジン

昭和二十年八月十四日、第47戦隊の八機編隊は、P38六機と豊後水道上空で交戦、その五機を撃墜して陸軍戦闘隊として最後の空戦を飾った。損失は二機で、もう一機は燃料切れで九州の基地に不時着し、乗員は翌日(終戦日)、小月基地に帰ってきている。

このように、整備力のすぐれた戦隊では、四式戦によりそれ相当の戦果をあげていたが、稼動率平均三〇パーセントでは、その持てる力をフルに発揮できるわけがなかった。代永兵衛少佐が、飛行第101戦隊長として、都城東飛行場に展開したとき、四式戦四〇機による全力出動演習を行なったところ、桜島の上空で集結できたのは半分以下の一七、八機で、あとはエンジン・トラブルで引き返したという。

「これではだめだ。エンジンの整備力をもっと強化しなければ……」

と代永少佐は痛感したが、都城西飛行場における第47戦隊の実情をみるにつけ、整備戦力の重要さに戦闘機隊長としての責任を感じたという。

ハ45は、次ページの表にみるように当時の他国二〇〇〇馬力級エンジンと比べて、直径が小さく、馬力当たり重量も少ない。これは、戦闘機用エンジンとしては、前面抵抗が少なく、しかも軽いということで、非常に有利なことである。しかし、これを裏返すと、どこかに無理をしたエンジンだといえる。つまり、性能をアップするために、周辺技術面をおきざりにしてしまったのだ。

ハ45は、ハ115とシリンダー容積は同じ（一三〇ミリ×一五〇ミリ）で、数を一四から一八（九気筒の複列）にふやし、回転数も二五〇〇から三〇〇〇に上げてある（減速装置は〇・五の減速比をもつファルマン式）。

このために、与圧器の回転数を上げたり、その直径を大にしてブースト圧を上げたりせねばならず、さらには排気タービン、フルカン液体接手を使用するという複雑構造になる。また、巡航時二五〇〇リットル／時、離昇時三〇〇〇リットル／時の割合にメタノールを扇車にふきつけ、混合気温度を下げるとともに密度を増して、デトネーション（異常爆発）を防ぎ、馬力を強めている。

リ　カ	ドイツ	イギリス
P.W.R 2800・32W	B.M.W 8010	Bristol Centau-rus
グラマン F8F	Fw190	ホーカー テンペスト
18	14	18
2400/海面 1900/2600	1550	2250/海面 2160/1520
146×152		146×178
45.9		53.6
1000		1324
1330		
0.445	0.54	0.54
52.3		49.6

二〇〇〇馬力となると冷却が大変で、ハ115の冷却フィン（ひれ）では足りず、Y合金鋳造のシリンダー頭部に多くの冷却フ

各種戦闘機エンジンの性能諸元

国名	日		本		アメ
エンジン名	ハ115	ハ109	ハ45.21	ハ43	P.W.R 2800・10W
装備機種	一式戦二（キ43）	二式戦二（キ44）	四式戦（キ84）	烈風	グラマンF6F
シリンダー数	14	14	18	18	18
離昇馬力／公称馬力 第一速公称高度	1250/2500	1450/1350	2000/海面 1860/1750	2200/海面 1930/5000	2100/海面 1700/2550
筒径×行程(mm)	130×150	146×160	130×150		146×152
容積(ℓ)	28.0	37.5	35.8	41.6	45.9
重量(kg)	630	730	830	980	1000
直径(mm)	1150	1260	1180	1230	1330
重力／出力(馬力)	0.548	0.508	0.415	0.46	0.50
馬力／筒容積	44.6	38.6	35.9	52.9	45.8

インを植え込み、窒化鋼の胴に螺《ら》入焼きばめ式とした。とにかく、これまでの一〇〇〇～一五〇〇馬力エンジンに比較して、取り扱いがむずかしくなったことは事実であり、ハ45に対する研究と実習を密にしない限り、整備は困難だった。

　この点、アメリカでは二〇〇〇馬力級の開発がやや早いと同時に、一五〇〇馬力級の取り扱い整備には慣れ切っていたので、プラット・アンド・ホイットニー、あるいは、ライト・サイクロンの二〇〇〇馬力など、少しも苦にしなかった。

エンジン関係でとくに日本が立ち遅れていたのは、高々度用の排気タービンであった。フィリピンで捕獲したB17Eなどの排気タービンをまねて作ってみたものの、耐熱合金がうまくいかず、終戦まで実用化されなかった。

米に劣った日本のエンジン

日本の戦闘機はアメリカの戦闘機、爆撃機に、中高度（六〇〇〇メートル以下）では戦えても七〇〇〇メートル以上の高々度に戦闘の場を引き上げられるとからきしだらしなかったし、一万メートル以上で進んでくるB29には、よく整備された四式戦以外ほとんど手も足も出なかった。彼らは吸入気の中間冷却法からして大差をつけていたのである。

また、その信頼性といったら、日本とはケタ違いで、スタートは一回でかかり、途中、故障などほとんどなく、稼動率一〇〇パーセント、さらに、油もれなどまったくなかった。

作戦を終わって帰還したアメリカ機のエンジン下面が、日本の飛行機のエンジンとは大きく異なり、ピカピカに光ったままだったというのは、日米整備力の差ばかりではなく、アメリカの航空技術および航空工業力のたまものであった。

[8] 四式戦隊出撃す!

〝大東亜決戦機〟といわれ、衆望をになって最優先量産にはいった四式戦「疾風」は、約六〇あった陸軍戦闘機隊の半数に、昭和十九年三月から二十年七月にかけて配属されていった。

それまでの一式戦「隼」、二式単戦「鍾馗」、三式戦「飛燕」に対して、スムーズにいった戦隊とそうでないところでは、実に大きな開きがある。

その原因が、パイロットと整備員の練度の違い、機体の出来、不出来、燃料の良否などによることは、すでに述べたので、ここでは、各戦闘機隊の四式戦を中心とする概況を紹介しておこう(陸軍飛行戦隊史「蒼空万里」参考)。

決戦場フィリピンへ送られて

〔飛行第1戦隊〕 日本陸軍最初の戦闘機隊で、大正四年十月、所沢で編成された航空大隊がその前身。大正十四年五月、飛行第1連隊(戦闘二個中隊)となり、さらに昭和十三年七月、飛行第1戦隊（三個中隊）と飛行第59戦隊に分かれた。昭和十四年五月からのノモンハン航空戦に活躍して満州駐留後、太平洋戦争南方進攻作戦には九七戦で参加、十七年七月から一式戦一型に改変してパレンバンの防空を担当、さらに十八年九月から同二型へ、十九年四月から四式戦を受領、北九州防空に任ずる。

同年十月、「捷一号」作戦参加のためフィリピンへ出撃したが、レイテ作戦で損耗し、戦力の回復をはかった。しかし特別操縦見習士官出身が主体で、熟練下士官の僚機としてであり、クラーク防空戦に従事するも戦力は衰えていく。二十年一月九日、米軍のリンガエン上陸で特攻攻撃を行ない、消耗して後退、下館、高荻で回復中終戦となる。

〔飛行第9戦隊〕昭和十一年、八日市の飛行第3連隊から独立した飛行第9連隊が、昭和十三年八月に飛行第9戦隊と飛行第65戦隊（軽爆）に分かれた。十八年五月から二式単戦を主力として中国戦線に展開し、湘桂作戦で活動するうち十九年六月以降、成都を基地としたB29の迎撃に当たる。

二十年五月、南京にあった第9戦隊の戦力は二式単戦六機、四式戦六機、一式三型一〇機であった。八月十五日、張北方面より南下するソ連機械化部隊を攻撃し戦果をあげた。

〔飛行第11戦隊〕昭和七年六月に編成された飛行第11大隊（各務原）が前身で、十年十二月に第11連隊（ハルビン）、十三年八月に第11戦隊となった。十四年五月からのノモンハン事件では、九七戦約二〇機でハイラルに進出、第一中隊の篠原弘道准尉はソ連のI15、I16を五八機撃墜して、第二次大戦を通じ陸軍最高の超エースとなった（八月二十七日、戦死して少尉に)。

太平洋戦争で一式戦に改変されたのは十七年六月になってからで、ラバウルでのB17、B24迎撃は困難をきわめた。ニューギニア、ガダルカナルで活動後、十九年四月、第1戦隊とともに所沢で四式戦を受領した。戦況悪化してフィリピンへの進出はおくれ、レイテ航空戦に参加したものの消耗激しく、最後は特攻機を掩護したにとどまった。

〔飛行第13戦隊〕 昭和十二年十二月、加古川で編成された飛行第11連隊が十三年八月、飛行第13戦隊となる。九五戦により阪神防空を担うが、十七年四月からは九七戦で北海道室蘭防空に任ずる。

十八年四月、B17撃墜用の二式複戦(「屠龍」)に改変され、ラバウル防空を行なったが戦果は不振で、一式戦も加えざるをえなかった。しかも対P38に劣勢で、ようやく四式戦五機が支給された。しかし十九年九月のモロタイ島米軍攻撃で、戦隊は戦力を失う。翌月、伊丹へ帰還し一式三に改変。十二月、比島航空決戦に参加し再び戦力ゼロとなり、二十年三月から四式戦一〇機と一式戦二〇機をもって対仏印武力処理の作戦に協力。六月末、本土決戦のため台湾へ移動して終戦を迎える。

雨ざらし四式戦を戦力化す

〔飛行第20戦隊〕 昭和十八年十二月、伊丹で編成され大正飛行場に移動。十九年五月、得撫《うるつぶ》島など千島へ展開して北方防空に任ずる。六月のビルマ方面転用から沖縄の防空、八月には

飛行第20戦隊長の村岡英夫少佐

台湾の防空と目まぐるしく、十月からフィリピン・マニラ地区の防空を行なう。一式戦による特攻隊の誘導掩護、戦果確認は困難をきわめ、特攻機とともに運命をともにして戦力を消耗した。

十二月初め台湾で戦力を回復中、屏東に手違いのため雨ざらしになっていた四式戦（第22戦隊用？）十数機を見た戦隊長の村岡英夫少佐は、その一〇機を運び出し自らの戦隊に加えた。間もなく村岡戦隊長は第8飛行師団（台北）に呼ばれ事情を問われたが、「特攻作戦の非常事態で、宙に浮いた新鋭機を戦力化しただけ。やむにやまれずやったこと」と弁明し、おとがめなしとなった。その後、沖縄戦に特攻を編成し、ほぼ全滅状態となった。

〔飛行第22戦隊〕 第1章を参照。

〔飛行第24戦隊〕 昭和十三年九月、飛行第11戦隊（ハルビン）を母体として九七戦二個中隊で編成された。ノモンハン航空戦に大活躍し、陸軍戦闘機隊の中心勢力となった。

太平洋戦争初期はまだ九七戦で、逐次、一式戦一～二～三型へと改変されていき、パレンバン、ニューギニア、フィリピンと転戦、二十年一月、クラークから嘉義（台湾）に後退し戦力を回復、四式戦に改変し三月二十八日、宮古島へ進出して沖縄戦を特攻掩護と特攻編成で戦い抜いた。

漢口迎撃戦で大活躍

宜蘭の第24戦隊。椅子に座っているのが戦隊長の庄司孝一少佐

〔飛行第25戦隊〕 昭和十二年九月、台湾の飛行第8連隊で編成された独立飛行第10中隊は、中国各地を九七戦で転戦し、十六年六月、一式戦に機種改変後、広東、漢口の防空に任じた。

十七年十月、飛行第25戦隊として編成替えされ、零陵、衡陽などの中国中部作戦に従事、米第14航空軍（元シェンノート義勇航空隊）のＢ24、Ｂ25、Ｐ40と激しい空戦を交える。十八年六月、一式戦二型に改変のため内地へ。これによって戦果は上がり、十九年一月末には戦隊一〇〇機撃墜記念も行なわれた。

しかし米中連合の航空勢力が増大するにつれ、戦隊の疲労ははなはだしく損失も増えてきた。十月の大陸打通、桂柳作戦時に四式戦が数機回されてきたが、十一月の同作戦終了時には一式三型九機、四式三機を残すのみとなる。

十二月十八日、漢口地区に波状来襲したB29、B24、B25、P51など延べ数百機に対し、25戦隊は85戦隊とともに迎撃、撃墜を重ねたものの多勢に無勢、85戦隊の〝赤鼻のエース〟若松幸禧少佐も失って壊滅的打撃を受けた。

昭和二十年に入って戦力を回復させ、すべて四式戦に改変、南京、上海の防空を行ない、七月から朝鮮の水原に移動、終戦を迎える。

〔飛行第29戦隊〕 昭和十四年七月、岐阜で編成された偵察の第29戦隊（朝鮮の会寧駐屯、九四偵、九七司偵、九七軽、九九軍偵など）が、十九年二月から戦闘機隊に改編された。二式単戦を装備し中国戦線で活動後、十一月、フィリピンのクラーク北飛行場へ進出、四式戦に機種改変する。しかし十二月七日、特攻勤皇隊を直掩して全滅する。

二十年二月、四式戦三〇機で再建、沖縄戦に参加した。

体当たりによるB29迎撃戦

〔飛行第47戦隊〕 日本陸軍初の重戦闘機キ44は昭和十五年八月に完成、ドイツから輸入のMe109と比較テストを行なった結果、実用審査のため増加試作九機で独立飛行第47中隊「かわせみ部隊」が編成され、太平洋戦争直前、実験主任・坂川少佐を隊長にサイゴンへ進出した。これについてはすでに述べているので、十七年十月三日、飛行第47戦隊に改編され改めて二式単戦「鍾馗」となったあとのB29迎撃と、四式戦による戦歴を簡単に述べておこう。

十九年十一月一日をもって始まるB29の東京来襲で、二式単戦の能力では撃墜困難であることが分かり、機銃、防弾鋼板、燃料タンクの防弾ゴムなどみな除去し、総重量を二五〇キロ軽くして一万二〇〇〇メートルまで上昇できるよう改造した体当たり機（パイロットは衝突とともに脱出、パラシュート降下する）が企画された。二十四日の初爆撃（B29八〇機）での戦果、二機撃墜、三機撃破のうち、撃墜一機はこの体当たりによるものであった。

その後も体当たり撃墜は行なわれたが、脱出できずにB29もろとも戦死する場合が増えていく。二十年三月、待望の四式戦に改変され、成増にあった戦隊は同月十日、第30戦闘飛行集団のもと関東地区へ来襲する米機動部隊機を迎撃した。

五月九日、戦隊は天号作戦参加のため九州都城西飛行場を基地として、沖縄特攻機の出撃援護に当たる。七月十八日から小月に移動し、北九州の防空を担ったが、二十八日は不意をつかれ六機喪失した。しかし八月十四日には四式八機が豊後水道上空でP38六機中五機を撃墜、損失は二機だった。これが47戦隊最後の戦いとなった。四式戦によるB29迎撃は、従来の一撃のみから二撃、三撃かけられることで攻撃しやすくなり、高空性能と速度がもたらした結果としている。

ビルマの英空軍を大いに悩ます

〔飛行第50戦隊〕昭和十五年九月、台湾屏東の飛行第8戦隊で九七戦二個中隊の飛行第50戦隊が編成され、台中飛行場で誕生した。太平洋戦とともに台湾南部の恒春に展開し、バタン島（バシー海峡）のバスコ中継で船団掩護、泊地哨戒、防空を行なったあとタイ、ビルマに転進、戦力を消耗する。

十七年四月、所沢で一式一型に機種改変し、四五機がビルマにもどり、チンスキア、チッタゴンなどへ進攻と空戦に明け暮れた。十八年二月、スラバヤに揚陸された一式戦二型を受領、四月二十二日のインパール進攻パタガ攻撃では、四〇機の「ハリケーン」、P40に対し石川正戦隊長ら八機が、計一五機を撃墜し全機帰還する。

さらに五月三日にはプチドン上空で六機が「ハリケーン」六機と対戦、その三機を撃墜、その翌日もコックスバザー進攻で敵一二機と空戦し七機撃墜、損失なしという戦果をあげた。「ハリケーン」が旧式化していたこともあるが、一式戦二型の性能アップは目にみえていた。

十九年三月からのインパール作戦に協力したものの、地上軍の敗退でバンコク、サイゴンへと後退した。戦力回復と同時に四式戦への機種改変が行なわれ、戦隊員は歓喜したが、フィリピンへの補給優先のため50戦隊向けは故障続出だった。それでも十二月末からのインパール撤退作戦協力で、三十一日、四式戦一三機、一式戦四機はイギリスの車輌・戦車部隊に対し、二〇ミリ砲の猛撃を加え数日間追撃をストップさせている。

戦隊は第5飛行師団のもと、二十年から仏印に展開してビルマ、フィリピン北部まで進攻、掩護、防空に従事し、五月の雨期を迎えたのち航空作戦は頓座した。八月十日、戦隊主力は台中より嘉義に移動して終戦となる。

50戦隊の少飛六期生三羽ガラス

この第50戦隊には、少年飛行兵六期生出身者が六名おり、第1中隊の佐々木勇、第2中隊の下川幸男、第3中隊の穴吹智ら三軍曹（昭和十八年中期の時点）は三羽ガラスとして名をはせた。

佐々木准尉はハリケーン、P40、B25など三二機を撃墜、十九年から審査部に回って四式戦により六機撃墜、三機撃破し、公認三八機として陸軍エース四位となる。

下川曹長は大型機への肉薄攻撃に徹したため、防御砲火により三度撃墜されたがパラシュート脱出で生還した。しかし三度目に左眼を失って後送され、回復後の二十年三月十五日、関西に来襲のF6F一機を片眼で撃墜、公認一六機になった。

第３中隊のエース・穴吹智軍曹

自ら「不器用だが修練は人一倍」と称した穴吹曹長の初陣は十六年十二月二十一日、フィリピン、リンガエン湾上陸掩護でカーチスP40一機を撃墜、翌十七年二月九日にもバターン半島のマリベレスでP40二機を撃墜したが、何と彼の乗機は九七戦だったのだから驚く。

その後、ビルマ戦線で一式「隼」によりハリケーン、P40、ブレニム、B25など撃墜していったが、圧巻は十八年十月七日、アンダマン海の輸送船団護衛のとき、来襲のB24一一機とP38二機をただ一機で迎撃、B24五機を撃墜（最後の一機は体当たり）、

P38は二機とも撃墜したことである。P38から受けた一弾が左手甲を貫通していたので海岸に不時着、ビルマ人に助けられた。

傷癒えた十九年三月から、明野飛行学校の助教をつとめたが、十月～十一月に四式戦を台湾へフェリー輸送（武装付き）したとき、F6Fと度々遭遇し交戦、計六機を撃墜している。これで彼のスコアは公認計三九機（自己記録では四三機）となり、篠原弘道少尉に次ぐ陸軍エース第二位である。

グラマンF6Fも手玉にとる
〔飛行第51戦隊〕〔飛行第52戦隊〕

昭和十六年九月、陸軍は対米開戦による本土防空処置として内地航空部隊の改編を行ない、防空専任航空隊として十七年八月、北九州防空の飛行第248戦隊を新設、また十九年四月、小月で飛行第51戦隊、防府で飛行第52戦隊が編成され、第16飛行団の指揮下に入った。装備機の四式戦は隊員たちにすぐなじめず、手のうちに入れるまで時間がかかった。そこで成都発北九州空襲B29の捕捉撃破もままならなかった。

九月になり第16飛行団はフィリピンに前進、第52戦隊は九月二十九日、第51戦隊は十月六日にデルカルメンへ移動を終わる。このころクラーク地区にあった第13、第22両飛行団の戦力は計五二機で、そこへ第16飛行団の四式戦計八〇機が加わり、意気大いに上がった。

米軍のフィリピン進攻前哨戦として、機動部隊の来襲が激しさを加え第4航空軍は海軍と協力してこれに当たった。十月十二日から十五日にかけての台湾沖航空戦で、大戦果を報じられたが、間もなく誇大の発表だったことに気づく。十五日から十七日にかけ第51戦隊五機、第52戦隊七機の損害があり、翌十八日は第16飛行団としてグラマン一三機を撃墜したが、終日にわたる空戦でパイロット十数名を失った。

十月二十六日、タクロバン飛行場に中小型一〇〇機以上集結しているのを認めた第52戦隊は、その一一機と第51戦隊数機で出撃、高度五〇〇〇メートルから急降下して「タ」弾攻撃を加えた。数十機に損害を与えたが、第52戦隊の山崎飛行隊長ら七機が未帰還となる。これで十一月五日の出動可能機数は、第51戦隊四機、第52戦隊二機のみ。

第16飛行団の八〇名の操縦者も一五名となり、戦力回復のため十三日、三機の輸送機に分乗させサラビアからマニラへ向かった。しかしミンドロ島北方でグラマンと遭遇し、一、二番機を撃墜され三番機の五名だけ難を免れた。一、二番機には中島（51戦）、沢山（52戦）両戦隊長ほか歴戦の主戦力が乗っていた。

十二月下旬、両戦隊はフィリピンから下館に帰還し戦力回復をはかったが、二十年二月、第51戦隊は関東地区の防空を命ぜられ同月十六、十七両日の米艦載機来襲で、十六日にはF6Fを四機、十七日には同八機を撃墜し損失なしだった。八月十五日、九州へ移動し特攻機の掩護に任ずるはずだったが終戦で中止となる。

第52戦隊も第51戦隊同様、二月十七、十八両日、米艦載機を迎撃し、一〇機（F6F中心）以上を撃墜したが、緒方戦隊長ら数機の損失があった。六月十日には房総半島に来襲したB29掩護のP51を迎撃、三機撃墜したが坂内戦隊長は戦死した。九州へ転進準備中終戦を迎える。

〔独立飛行第24中隊〕 昭和十六年九月、柏の防空専任の飛行第5戦隊で編成された飛行第54戦隊から、第1中隊を十八年四月、台北へ移動させた。その後スマトラへ転進し十九年二月、独立飛行第24中隊と改称した。一式戦一型による船団掩護などを行なったのち、十一月からフィリピンのカロカンに進出（第20戦隊、33戦隊と）、特攻（万朶隊など）直掩で戦力消耗した。

二十年一月から四式戦に機種改変して戦力回復中、終戦となった。

〔飛行第70戦隊〕 昭和十六年三月、満州地区防空のため杏樹で九七戦二個中隊（のち三個中隊）をもって編成された（関東軍所属）。十八年五月から鞍山あるいは東京の防空を二式単戦で行なう。二十年六月、四式戦に機種改変したがときすでに遅く、訓練中終戦を迎える。

P38のエース、マクガイア少佐を撃墜

〔飛行第71戦隊〕 昭和十九年五月、明野陸軍飛行学校で四式戦による三個戦隊——第71、第72、第73各戦隊が編成された。四式戦三兄弟というところだが、いずれも練度不足で新鋭四式を完全に手のうちに入れられず、不安を残した。

第71戦隊は十九年十一月半ば、フィリピンのデルカルメンに進出したが、到着できたのは二八機中一八機で、間もなく敵艦載機群の地上攻撃を受けて全滅してしまった。その後わず

かに補給された四式戦で二十年一月七日、福田則端軍曹（少飛一〇期）は敵を発見できず帰投にかかった。その途中、第54戦隊の杉本准尉機（一式戦二型）と合流したが、着陸地は杉本機がファブリカへ、福田機がマナプラとなる。

そのとき、超低空をP38四機が、正面から杉本機に挑んできた。杉本准尉はその一機をみごと仕留めたが、自らも被弾して不時着する。この状況に肝が座った福田軍曹は、P38の残る三機が機首をめぐらせて正面から迫りくるのに対し、もう相討ちしかない、と決心した。

すでにP38三機の二〇ミリ砲三門と一二・七ミリ銃一二梃の火ぶたは切られ、対峙する福田四式戦の二〇ミリ砲四門を圧倒したかにみえたが、なんとP38の一番機は、そのままいけばあわや衝突という寸前でガクンと頭を下げ、ジャングルに墜《お》ちていった。残る二機と福田機はたちまち低空位空戦となったが、マラリアで体調不良の福田軍曹は急上昇し、低い雨雲の中へ突入して難をのがれた。

マナプラに着陸して福田機を点検すると、被弾は二三発におよびすべて急所をはずれていた。戦後、福田機の撃墜したのは、米陸軍航空隊第二位のエース（三八機）、トマス・ブキャナン・マクガイア少佐だったことが分かり、改めて四式戦のタフさに気づいたのである。

八月十五日、終戦時における第71戦隊の戦力は四式戦六〇機、操縦者は特操出身者を主体として約七〇名であった。

〔飛行第72戦隊〕 第71戦隊で触れたように、昭和十九年五月、明野飛行学校で第71、第73戦隊とともに編成された四式戦部隊である。相模原でまだ十分にこれを乗りこなせぬうち、十二月、フィリピンのバムバムへ進出を命ぜられた。

十四日、台中を出発しリンガエン湾上空に達したとき、F6F艦戦群と遭遇、空戦の結果三機撃墜したが一六機を失い、バムバムに到着できたのはわずか七機だった。練度不足者を決戦場へ送り込む首脳陣の浅慮である。

二十年一月、第71、72、73、200、1、2各戦隊が特攻精華隊を編成し、十二日までリンガエン湾の敵船団に突っ込んで戦力を失った。日本陸軍は指揮系統に混乱を生じ、一月十三日、第4航空軍のマニラからエチアゲ後退にともない、マバラカットからエチアゲへ向かった津島第72戦隊長と高橋第200戦隊長は乗機（双発高練）を撃墜され戦死した。そして十六日、富永第4航空軍司令官の台湾脱出劇が……。二月末、台湾へ後退した第72戦隊は第1航空軍編入となり、五月三十日、隊員は各部隊へ転属した。

特攻隊と運命をともにす

〔飛行第73戦隊〕第71、72とともに北伊勢飛行場で編成され、航士五六期と特操一期が主力だった。編成が終わったのは十九年九月半ば、四式戦四〇機を支給される。十月、所沢に移動したのちフィリピン進出を命ぜられ、十二月十四日から二十二日までに約五〇機のマバラカット飛行場到着を果たす。

十二月二十一日、ミンドロ島沖の敵船団に対し、二人の特攻精華隊を突入させ、二十二日にはサンホセ沖で四式戦一二機はP38、P47各二機を撃墜した。

二十年一月五日、ルソン島西方海上の敵艦船に対する特攻機を直掩した四機中三機が未帰還、八日には皇魂、石腸などの特攻隊と第30戦闘飛行集団の二九機がリンガエン湾の艦船群を攻撃し、大きな戦果をあげたが未帰還八機で、その中に三隅戦隊長も含まれていた。

十日、第73戦隊を第72戦隊長の津崎少佐が指揮をとり、第4航空軍全力あげての特攻攻撃がはじまり、津崎第72戦隊長もまた十三日に戦死した。生存操縦者は三月、所沢に帰還する。


〔飛行第85戦隊〕第1章参照。昭和十九年十二月十八日の漢口大空襲によって、戦力を失った戦隊は、二十年一月末に南京で再建につとめ、済南から金浦に転進している。終戦時の保有機は四式戦一〇機。

「紫電改」にお株をとられる

〔飛行第101戦隊〕昭和十九年七月、明野飛行学校北伊勢分教所で編成された第100飛行団の三個戦隊（第101、102、103）の一つ。飛行団の編成を代永兵衛少佐（四八期）が行ない、第101戦隊長に任ぜられた。パイロットがまだ未熟だったため、九七戦、一式戦を使って訓練をはじめ、十一月から四式戦に切り換えたが、とてもフィリピン進出は無理とわかり、第6航空軍のもと沖縄作戦にのぞむことになった。

三月にはいって、101戦隊は都城東飛行場に展開し、四式戦約三〇機をそろえていた。三月十四、十五の両日、福岡の第6航空軍司令部で、沖縄航空作戦に対する兵棋演習（地図の上でコマを動かし作戦をたてる）が開かれた。司令部では、

「飛行団の四式戦（約一二〇機）を、各特攻基地に分散使用して、特攻機の掩護にあたれ」と結論した。しかし、先任戦隊長の代永少佐は、

「戦隊の集結使用こそ活路を開き、四式戦を生かす道であろう」

と主張したがいれられず、彼は航空士官学校の戦術教官に後送され、坂本美岳少佐（五三期）が後任となった。

この集結使用の妙は、それからわずか四日後（三月十九日）、海軍第343航空隊（松山基地、司令・源田実大佐）が五四機の「紫電改」「紫電」によって、米艦上機群を豊後水道上空で迎撃し、合計五二機撃墜（損害は一六機と地上炎上五機）したことで、見事に証明されたのである。

四月一日、沖縄本島に上陸した米軍に対し、第6航空軍は第100飛行団に特攻機の掩護を大々的にさせたが、目的を十分に達することができなかった。ただ十五日夜、飛行団の選抜機一一機（四式戦）が、北・中両飛行場に突入して超低空「タ」弾および二〇ミリ砲攻撃を加え、大損害を与えたことが特筆される。なお、この挺進攻撃で八機が未帰還（一機は喜界島に不時着）、三機のみ帰還した。

アメリカでは、四式戦に「フランク」というコードネームを与えていたが、レーダーにうつるかうつらない超低空を猛スピードでかけ抜ける四式戦に対し、さらに「テリブル・フランク（恐るべきフランク）」と呼んで、なかばあきらめ顔でいたという。

なお、101戦隊は戦力を失ったため七月、成増に後退し、102戦隊を吸収して、のち三十数機

が高松に移り、終戦を迎えた。

沖縄航空戦参加で奮闘

〔飛行第102戦隊〕第100飛行団の101戦隊と誕生は同じであるが、やはりフィリピン進出はできず三月半ば、都城西飛行場へ四式戦約三〇機で前進し、第6航空軍の指揮下にはいった。その後は特攻掩護、夜間「タ」弾攻撃で101戦隊と同じコースをたどり、六月末、成増に引き揚げて101、103両戦隊へ人員・機材を移して解散した。

〔飛行第103戦隊〕第100飛行団の101、102につぐ三つ目の戦隊であるが、ノモンハンで活躍した戦隊長・東条道明少佐（五〇期）と、飛行隊長・小川倶治郎大尉（五四期）のコンビが実によく呼吸が合い、沖縄戦に参加した中ではもっとも奮闘した。

飛行時間二〇〇時間に満たない未熟な操縦者を多くかかえて、大正飛行場における戦力の向上は意のごとくならなかった。四式戦はまだ無理だったが、このころ一五機ほどしか配備されておらず、東条戦隊長は中島太田工場や宇都宮航空廠と直談判して、十数機を都合し合計三〇機確保したという。

十二月二十六日付で第6航空軍に編入され、来るべき沖縄戦に備える。三月二十七日、鹿児島県知覧へ前進し小川飛行隊長の一個中隊は、徳之島を基地として沖縄の敵艦船攻撃、特攻掩護に明け暮れた。

五月二十五日の義烈空挺隊突入と同時に行なわれた北飛行場銃撃で、一一機中一〇機未帰還となり、小川飛行隊長のみ多くの弾痕を受け帰還した。結局、戦力を消耗して六月初め成増に引き揚げ、回復をはかったが終戦。

ゼロからスタートした強力部隊

〔飛行第104戦隊〕昭和十九年八月から小月基地の第4戦隊（二式複戦「屠龍」の戦隊）で編成をはじめた満州防空戦闘隊。はじめ飛行機は一機もなかったが、満州各地から至急機材を集めた結果、二式単戦一〇機、一式戦三機を保有して、九月初め奉天に移り、人員の不足も、満州国軍飛行隊から優秀パイロットを導入して、十一月末に独立第15飛行団（団長、今川一策少将）の下にはいった。

十二月初めには四式戦一二機、二式単戦二〇機、一式戦一一機をそろえ、三個中隊編成となった。そこで、四式戦と二式単戦による本部と二個中隊を鞍山に置き、一式戦による一個中隊（訓練中隊）を湯崗子に置いた。たちまち効果はあがり、十二月十七日のB29鞍山空襲では、撃墜一四機（体当たり五機を含む）を記録した。また、二十一日にも四式戦九機（本部と第一中隊）でB29二機を撃墜した。

その後は対ソ戦闘に力を入れ、四式戦約四〇機、一式戦五機、二式複戦二五機（遼陽の独立飛行第25中隊）でにらみをきかしていた。八月九日、ソ連参戦とともに出動態勢にはいり、十日、ソ連機甲部隊が東西から新京（長春）に向け侵入すると、十一日、錦州飛行場へ、さらに赤峰飛行場へ進出した。十二日、ソ連機甲部隊が赤峰付近へ迫ったとき、四式戦三〇機は独飛25中隊の二式複戦十数機とともに「タ」弾および一五キロ爆弾を戦車、装甲車に浴びせ、戦車二〇台以上を擱座炎上させた。これでソ連軍の進撃は、一時的にとまったといわれている。

104戦隊の四式戦は、燃料、弾薬を補給に鞍山に戻り、ふたたび十四日夕刻、四平街に前進して、十五日朝から白城子方面のソ連機甲部隊攻撃を行なうはずだった（四式戦一二機、二式複戦九機）。しかし、天候が悪く発見できないまま、四平街に戻ったところで終戦となった。

次第に消耗する四式戦闘隊

〔飛行第111戦隊〕終戦一ヵ月前の昭和二十年七月、112戦隊とともに編成された陸軍戦闘機隊最後の戦隊で、前身は明野教導飛行師団教導飛行隊。装備機は五式戦による四個中隊と、四式戦一個中隊（淡路島の由良飛行場）で、主力は大阪の佐野飛行場から小牧に展開した。B29迎撃とP51迎撃に数回出撃しただけである。

〔飛行第112戦隊〕111戦隊とともに編成された陸軍最後の戦闘機隊で、昭和二十年七月、群馬県・新田飛行場で編成され、第20戦闘飛行集団に編入された。四飛行中隊と一整備隊から成り、第1中隊は四式戦、五式戦が半々、第2、第3中隊は五式戦、第4中隊は教育中隊だった。戦力の温存から、B29迎撃をほんの少し行なった。

〔飛行第200戦隊〕昭和十九年十月、明野教導飛行師団で、明野の精鋭を集めて四式戦六個中隊（八〇機目標）で編成された、特殊戦闘隊である。元24戦隊長であった高橋武中佐（三八期）を戦隊長に、元25戦隊長で中国航空戦で活躍した坂川敏雄少佐を副戦隊長としているのをみても、陸軍が、この戦隊にいかに期待していたかがわかるであろう。

すでにアメリカ軍がフィリピンへ進攻してきたので、四式戦五〇機をそろえ、直ちにクラークへ進出を開始したが、隊員の中に実戦経験者は比較的少なく、四式戦の故障も多かったので、戦果は期待されたほどではなかった。さらに、飛行場（サラビア基地）が穴だらけとなり、十月末には出動可能九機となる。

十一月から二十年一月にかけて損耗ははなはだしく、特攻作戦まで行なったうえ、高橋戦隊長も戦死するとあって、十数名のみが台湾へ後退し、五月三十日、所沢で解散した。

〔飛行第246戦隊〕 昭和十七年八月、第13戦隊を母体として、九七戦二個中隊で編成された（十二月から三個中隊となる）。十八年の七月ごろ、二式単戦二型へ改変し、同年暮れ、台湾防空に参じたが、その後B29の北九州来襲を受け小月基地に前進したり、大正基地に帰ったりをくり返したのち、十一月初めフィリピンのクラークを基地に二〇機で進出、悪戦苦闘を重ねて機材を失い、十二月末、大正飛行場に帰った。

二十年四月から四式戦がはいり、四式戦一二戦、二式単戦二〇機保有して、阪神中部地区の防空戦闘に当たっている。とくに六月二十六日、大阪、名古屋に来襲したB29三〇〇機以上を迎撃した戦隊は六機撃墜した。なお、十九年八月から終戦までの戦隊長は、戦後、航空自衛隊入りして空将となった石川貫之少佐（五〇期）である。

以上のほか、四式戦を導入して陸軍航空審査部戦闘隊も、昭和十九年後半からB29迎撃、小型機との戦闘に活躍した（B29を元50戦隊・佐々木勇准尉が六機、元64戦隊・黒江保彦少佐が三機など）。

⑨ 名戦闘機の評価は消えず

各戦隊における四式戦の活動状況をみると、必ずしも、ベテラン・パイロットの多い戦隊だから大活躍した、というのでもないし、未熟パイロットで占められた戦隊だからみじめだった、というのでもない。要するに、戦線に投入された時機（Timing）と戦隊長以下各中隊長、パイロット、整備員の団結（Teamwork）、そして絶えざる訓練（Training）の3Tがしっくりいったところは、四式戦の性能とマッチして、予期以上の成果をあげているのである。

フルに発揮できなかった性能

いま考えれば、強大なアメリカ、イギリスを敵にまわして（あるいはソ連にしても）、陸軍のとった戦隊編成の、何と悠長だったことか。また、新機種決定の、いかにスローモーだったことか。もし、ことを構えるのだったら、速やかにパイロットの確保と訓練をはじめておくべきであろうし、欲ばった性能を求めず、特徴を生かした機種の量産に努力するべきであろう。それが戦争末期に、ドロナワ的な四式戦部隊をいくつも編成してみたり、戦争開始時の制式戦闘機が、まだ九七戦であったりというようでは、理解に苦しむばかりである。

こうした日本的な制約から、キ84試作第一号機の誕生したのは、その前月に、日本軍がガダルカナル島から撤退し、その翌々月に、山本五十六連合艦隊司令長官が戦死するという、日本の敗色濃くなりつつあるときであった。すでに、海軍の「零戦」、陸軍の一式戦「隼」は性能不足が目立ち、二式単戦「鍾馗」、三式戦「飛燕」も稼動率が悪く、

「もっと強力な戦闘機がほしい」

「旋回性もさることながら、敵機を追える戦闘機でなければ……」

という火急な要望の中で、テストされ、増加試作されたキ84四式戦が、育成と熟練という軍用機に不可欠な要素を抜きにして、戦線に投入されたため、あたら世界一流の性能もフルに発揮することができなかったといえる。

もちろん、増加試作一二五機という、世界に例を見ない数字で改修を重ねてはいるが、それは、あくまでも不良箇所を直し、量産に適するよう手を加えていったということで、真の育成ではない。つまり、戦局の急迫に合わせた応急処置とみていい。

とくにフィリピン、沖縄における四式戦の展開は、まるで〝二階から目薬〟のたぐいであり、まさに悲劇的様相を帯びていた。ポツリポツリと分散使用され、それは一本一本の矢でしかない。三本の矢として集中使用されていたら、その声価は倍加していたにちがいない。

外国機と性能を競って遜色なし

しかし、相応の整備と操縦がかみ合えば、四式戦の威力は大で、Ｐ51、Ｐ47、Ｐ38、Ｆ6Ｆ、Ｆ4Ｕなど、米陸海軍の新戦闘機にまさるものがあった。それについては、各戦隊の実戦記録を見ればよくわかることで、中高度以下の格闘性とスピード、航続性の調和が、実によくとれていたからである。つまり、格闘性ではＦ6Ｆを除くすべてにまさり、スピードはＦ6Ｆより速く、その他とは互角か、やや劣る程度、航続性ならＰ51に劣るが、それ以外と互角、あるいはややまさった。

日本でも、捕獲したアメリカ機（Ｐ51Ｃ、Ｐ40Ｅ）、輸入したドイツ機（Ｆｗ190）を使って、スピードとダッシュ（加速）力のテストをしたことがある。昭和二十年春、福生の上空五〇〇〇メートルで三式戦、四式戦、Ｆｗ190、Ｐ51Ｃ、Ｐ40Ｅが横一列に並び、いっせいに水平全速飛行をはじめたのだ。

最初の数秒でトップに立ったのが、フォッケウルフＦｗ190だった。しかし、三分後にＰ51Ｃがこれを追い抜いていき、四式戦以下もＦｗ190との差を縮めていった。約五分ほどでストップをかけたとき、Ｐ51Ｃははるかかなたへ、ついで、四式戦とＦｗ190がだいたい同じ位置、その少しあとに三式戦、さらにおくれてＰ40Ｅという順であった。

コードネームは「フランク」

アメリカは、フィリピン戦線で、ほぼ完全な四式戦を手に入れ、いろいろ調査を行なったが、このときの長フランク・マッコイ陸軍大佐が、自分の名を、この恐るべき敵機に呈上して「フランク」というコードネームとなった。歴戦パイロットによるテスト飛行の結果、「離着陸は容易。舵の利きもよく、旋回、横転は実にスムーズだ。アメリカ機より上昇力がよく、水平全速も時速六五〇キロ以上出る。防弾にもすぐれ、日本陸軍戦闘機の中ではもっとも強敵であろう。しかし、急降下のとき舵がやや重くなる」と判定した。アメリカでは、一撃離脱の戦法から、急降下時の舵の重さが大切だったので、この点を強調したのであろう。しかし、降下速度が時速八五〇キロになっても、ビクともしなかったのだから、りっぱなものである。

終戦後、アメリカで四式戦に一四〇オクタン燃料を使ってテストしたところ、高度六一〇〇メートルで、実に時速六八九キロの最大速度を出し、上昇時間も三〇五〇メートルまで二分三六秒、六一〇〇メートルまで五分四八秒、実用上昇限度一万一八〇〇メートル、航続力二九二〇キロ（増槽つき）と、それぞれ、日本での数値よりはるかによい成績を示した。アメリカでは、「零戦」を抜いて、第二次大戦の日本戦闘機中№1の評価を得た。

一九四四年当時、アメリカでもP47D、P51Dの最大時速が七〇〇キロ前後であったことから、それらにあと一〇キロと迫るキ84のスピードは、まさにすばらしいものだったということができる。

日本陸軍では、九二オクタン（実際には九一オクタン）燃料が最高で、キ84のテストのとき海軍に頭を下げ、屏東基地の九七オクタン燃料を特別にまわしてもらっていたという。ハ45「誉」エンジンは、九二オクタン以上で、所期の性能を発揮するようにできていたのだから、八七オクタン燃料や低質潤滑油を使われたのでは、馬力も落ち、さらに、油温上昇や焼付を起こすのも無理なかったであろう。

紫電改。水銀、電気、油圧を使用した自動空戦フラップを装備

ライバル争いでは陸軍有利

四式戦「疾風」は、よく日本海軍の「紫電」および「紫電改」とくらべられるが、その比較はどうであろうか。エンジンが同じならば、寸法も重量もほぼ同じの両機は、格闘性能を増すために「蝶型フラップ」(「疾風」)、あるいは「自動空戦フラップ」(「紫電」)を用いた。前者が離着陸時と同じものであるのに対し、後者は水銀と電気と油圧を使った特別のもので、性能的には後者が明らかに上である。しかし、水銀はさびやすく、うっかりすると動かなくなることがあったという。ベテランの坂井三郎海軍中尉は、

「あれを使って空戦などしませんでした。われわれはゼロになれていましたから、空戦フラップなど使っている

と、まどろこしくて……」

といっている。だから、実用性からいえば、蝶型フラップのほうがずっと使いやすかったわけである。

スピードの点でも、明らかに「疾風」のほうが上だし、射撃時の安定もよい。フィリピン作戦で参加した両機の数は、「疾風」が約三五〇機に対して「紫電」は、わずかに三〇機（701航空隊）。もちろん、量産数も三五〇〇機対一四〇〇機（「紫電」「紫電改」合わせ）で、「疾風」が断然まさっている。「零戦」の後継機となるはずだった「烈風」にいたっては、まだ試作段階であったし、スピードその他九二オクタン以上の燃料を使っても、「疾風」には及ばなかっただろう。

明らかに、海軍の行政指導の失敗であって、陸海軍の戦闘機に関するライバル争いは、ドタン場で陸軍の勝ちとなったわけである。

もし陸軍が、沖縄戦を前にして、代永少佐が強調した〝四式戦の集結使用〟を採用していれば、大きな戦果をあげる舞台もふえて、戦後の評価をもっと高めていたに違いない。

パイロット未熟による脚破損

「四式戦は、性能はいいが脚が弱い」

といわれ、実際によく脚を折ったり曲げたりしているが、テストでは、所定の落下試験にパスし、軍の審査も通っているのだから、問題はないはずだった。しかし、十九年の暮れあ

操縦者未熟による脚破損事故が疾風には多かった。写真は同機の左主脚

たりから、練習機、あるいは九七戦のあと、すぐ四式戦に乗ってくる、飛行時間わずか一五〇時間前後の若手パイロットたちが、着陸速度が早い（時速一四〇キロ）のと目測不良のため、落下着地をやってこわす、という例がほとんどであった。

また、脚の緩衝装置に油を入れすぎて、棒にしてしまったり、車輪に高圧空気を入れすぎたりというミスも、脚の事故を招いている。さらに、脚引込作動筒内部の鋼製パッキング、およびピストンリングの焼入温度が一定しないため、硬度不良になっていたともいわれる。しかし、多少の重量増加には目をつぶっても、アメリカ機のようにまったく丈夫な脚構造としておくほうが、稼動率を高めたであろうと、残念な気がする。

四式戦の威力の一つ、武装も忘れてはならない。基準火器は、主翼にホ5・二〇ミリ砲二門、機首にホ103・一二・七ミリ機銃二梃で、爆弾は三〇〜二五〇キロを二個、両翼下につるした。爆弾を一個、増槽（三八〇リットル）を一個、あるいは、増槽二個とすることもできる。二〇

ミリ砲は一門につき弾丸一五〇発、一二・七ミリ機銃は一梃につき三五〇発を発射でき、対戦闘機用にはこれで十分だった（キ84甲）。

しかし、対爆撃機用にはこれでも弱く、主翼・機首ともホ5・二〇ミリ砲を四門として火力を強化し、機体番号三〇〇〇番代からはみなこの武装になっている（キ84乙）。

さらに、武装強化した三〇ミリ砲二門（主翼）、二〇ミリ砲二門（機首）としたものも試作された（キ84丙）。

わずか二年間で三五七七機生産

そのほか、数種の試作、あるいは計画型を列記しておこう。

キ84R：ハ45－44三速過給器つきの、高々度用エンジンを装着する予定だったが、設計だけでおわった。

キ84ターピン付：排気タービンつきのハ45ル12エンジンを装着し、対B29用の高々度戦闘機とする予定だったが、計画だけで終わった。当時の日本では、実用的排気ター

B'

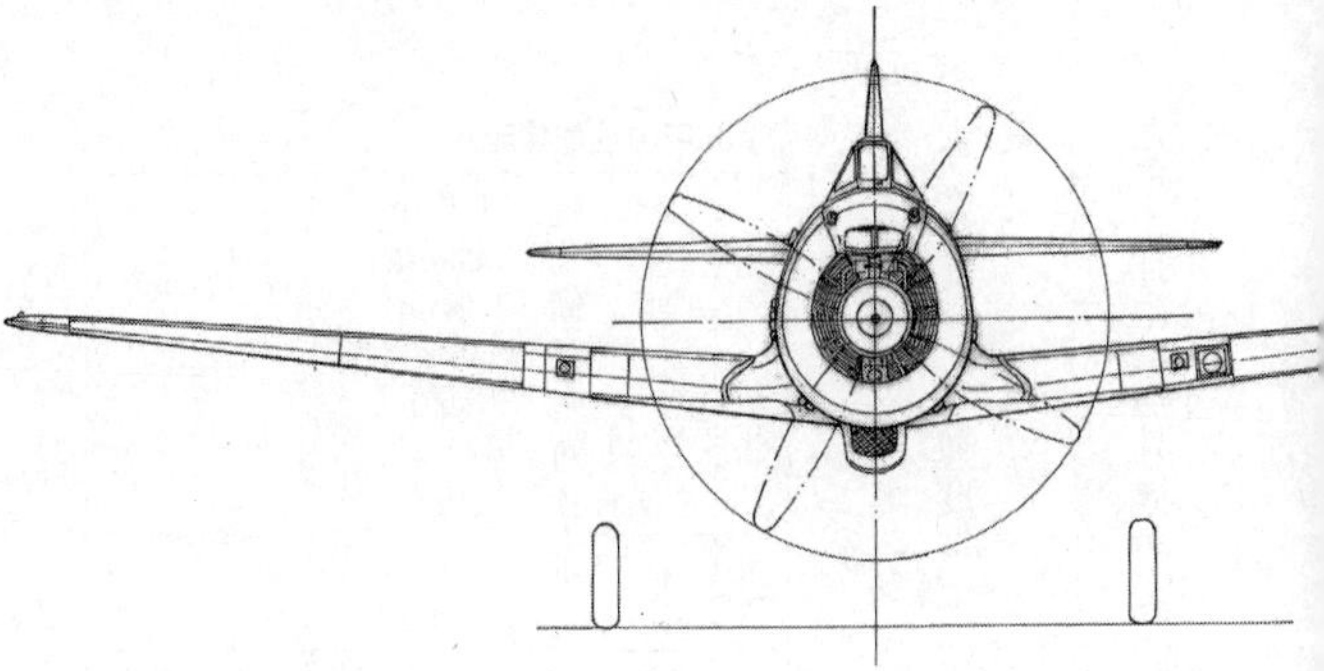

中島試作キ106戦闘機

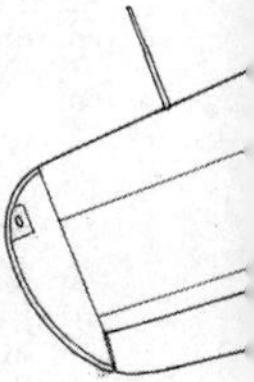

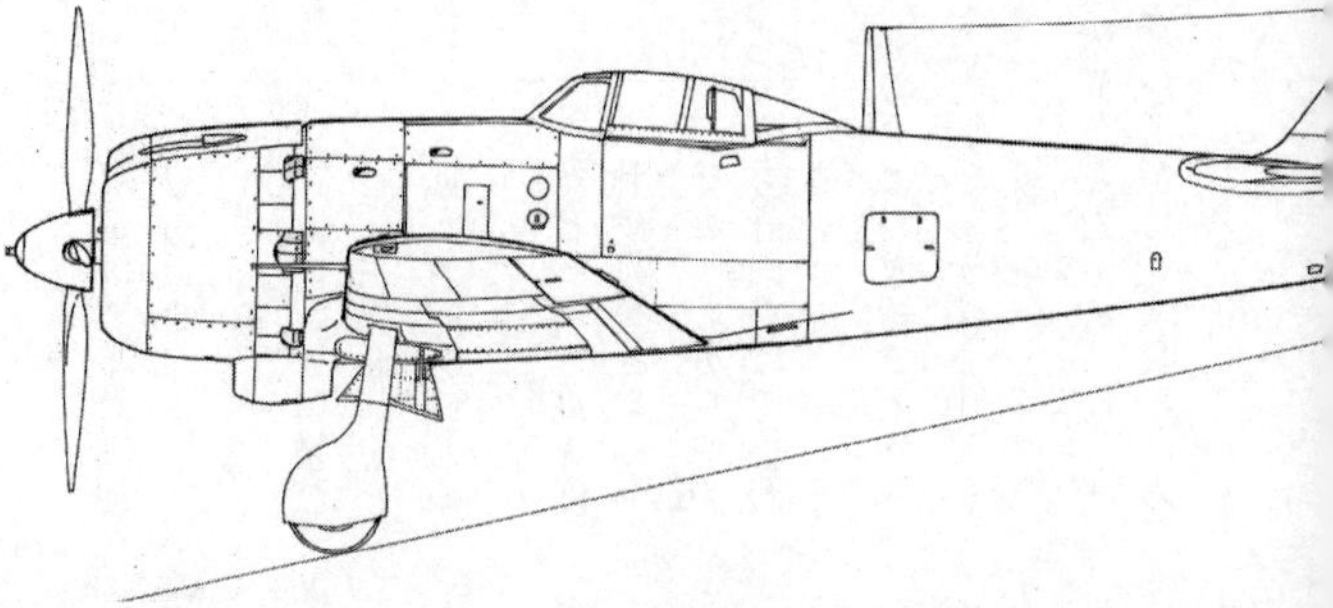

キ84甲の性能諸元

寸法	全幅 11.238m 全長 9.920m 全高 3.385m 翼弦長 2.46m(付根)～1.35m(翼端) 上反角 6° 主翼面積 21.0㎡
重量	自重 2680kg 総重量 3750kg
エンジン	中島ハ45-21 空冷複列星型18気筒×1 離昇出力 2000馬力，公称出力1860馬力/1800m，1620馬力/6400m プロペラ ペ32電気式定速4枚羽根，直径3.05m
性能	最大速度 624km/h 巡航速度 380km/h 着陸速度 140km/h 上昇時間 5000m/6′26″，8000m/11′40″ 実用上昇限度 10500m 航続距離 1600km, 2000km(増槽付)
武装	ホ5 20mm×2(主翼)，ホ103 12.7mm×2(機首)，爆弾30～250kg×2
乗員	1

ビンは、まだ無理であった。

キ84P：ハ44－13エンジンに換装し、主翼面積を二四・五平方メートルに大きくした、対B29用の高々度用戦闘機とする予定だったが、これも計画だけで終わった。

キ84サ号：ハ45エンジンに、水噴射のかわりに酸素噴射を試したもの。よい成績で上昇もよくなり、最大速度は、九〇〇〇メートルで時速五〇キロも増加したという。テスト中に終戦となった。

キ106：アルミニウム合金不足の対策として、キ84を立川飛行機で木製化したもの。昭和十九年六月に第一号機が完成し、王子航空機でも試作したが、量産化がむずかしく、取り止めた。

キ113：キ84の木製化よりも鋼製化のほうが得策ということで、木、アルミ合金、鋼の混製機を中島で試作し、第一号機がほとんど完成しかかったところで終戦となった。

キ116：キ84のエンジンをハ45から三菱製ハ112Ⅱ（五式戦のエンジン）に換装した機体で、終戦直前、満州飛行機で一機完成した。機体重量が軽くなり、スピードは落ちたが、格闘性がぐんとよくなったといわれる。

昭和20年２月に第１号機が完成した試作キ87戦闘機

結局、キ84甲、乙、丙は中島の太田、宇都宮両工場および大田原分工場（二十年五月より）で、試作二機、増加試作一二五機を含めて三五七七機が生産された。これは基準孔方式という量産工程のおかげで、陸軍としてキ43につぐ二番目の生産数であった。

超大型爆撃機「富嶽」の青写真

昭和十七年十一月、アメリカで高々度戦略超重爆撃機ボーイングB29の完成が伝わり、高度一万メートルからの日本本土空襲が予想されたので、陸軍は中島に対してキ87、立川に対してキ94両高々度戦闘機の試作を指示した。

中島では、キ84につづき、キ87も小山悌技師を設計主務者とし、西村、青木、加藤技師らを協力させて、三鷹研究所機体部と太田製作所で直ちに設計に着手したが、キ84を優先していたため、図面の完成は十九年一月になった。試作は、三鷹研究所の機体部で進められ、二十年二月に第一号機が完成したが、いろいろ不良箇所が生じてテストも思うにまかせず、まして量産化も夢のまま終戦を迎えてしまった。

試作一号機のエンジンはハ44ル12（ハ219）空冷星型複列一八気筒で、排気タービン過給器をつけ、高度一万五〇〇〇メートルで一八五〇馬力、一一〇〇〇メートルで二三九〇馬力の予定だった。また脚は、車輪の収容場所が小さいため、カーチスP40式に、電動による九〇度回転後方引込式としたが、作動不良でテスト飛行はすべて脚を出したまま行なった。

最大速度は、高度一万一〇〇〇メートルで時速六九八キロの予定で、三〇ミリ砲二門（主翼）、二〇ミリ砲二門（機首）の重武装は、B29を一挙に粉砕するはずだったが、やはり排気タービン技術のおくれはどうしようもなく、制式化までにはかなりの時日を要したであろう。

しかし、小山技師長は、このキ87には基礎設計だけで、こまかい部分にほとんどタッチしていない。中島知久平から「必勝戦策」としての〝Z計画〟すなわち長距離爆撃機「富嶽」の設計を命ぜられていたからだ。とくに、昭和十九年四月から中止になった八月までは死ぬ苦しみを味わったという。六発三万馬力、翼幅六三メートル、全備重量一六〇トン、翼面荷重四五七キロ／平方メートル、最大時速六八〇キロ、爆弾五〜二〇トンという超々大型機を当時の日本で製作することは、やはり相当の無理があったようである。

この仕事から解放された小山技師長はじめ中島の技師たちは、

「これから設計しても、量産までに少なくとも三年はかかってしまう。安閑として図面なんか引いていられない。もう設計室は解散すべきだ」

という意見に一致して、ほとんど全員が直接、生産に寄与する職場へつくこととなった。ただ特攻機と称されたキ115「剣」および特殊攻撃機「橘花」（ジェット機、海軍）は、青木、松村両技師のもとで、設計試作がつづけられた。

⑭ 昭和17年、富嶽計画の初期における中島知久平(前列中央)。その左側は小山悌技師長、右側は海軍機担当の山本良三設計課長

〝四式戦よこせ〟とヒザづめ談判

小山技師が四式戦の太田工場に行き、製作を手伝っていると、陸軍の若いパイロットが飛行服に白マフラーを巻いてやってきた。

「技師長ですか。四式戦をもらいにきたのですが、工場ではまだ渡せないといっている。いったいなにをモサモサしているのだ。四式戦に乗ってすぐ前線に行かねばならないのに、そんなことでどうす

キ84(四式戦)パイロットに配られた操縦要領

離陸	1	プロペラ管制器「定速」
	2	ピッチレバー　—82—　85%
	3	カウルフラップ全開
	4	滑油フラップ全開
	5	タブ下ゲ2°
	6	N（回転）2900 B（ブースト）＋250
	7	短絡コック作動
	8	250km/h 以下ニテ脚上ゲ
上昇	N	2600
	B	＋100
	V	270K
巡航	1	N　1900
	2	B　−150
	3	V　300K〜320K
	4	タブ−3°〜0°
	5	短絡コック
	6	カウルフラップ 滑油シャッター　適度
着陸	1	短絡コック
	2	滑油シャッター カウルフラップ　全開
	3	脚下シ　300K以下　タブ上ゲ2° フラップ　230K以下　タブ上ゲ4°
	4	降　下　180K　B−400
着陸後		シャッター フラップ　全開

るか」

　とどやされ、彼は目を白黒させたが、よくきけば、フィリピンへ向かう戦隊に、四式戦がまだ半分しか配備されず、まだ十数機が必要なのだという。つまり、ヒザづめ談判で戦隊長ときていたのだ。

「まだ飛行時間一五〇時間そこそこの若いパイロットが、刀を床にドンドンと突いて、四式戦をよこせと迫られたのには参りましたよ。しかし、なんとか都合をつけてあげたように記憶しています」

　と、小山悌氏は回想する。このパイロットはおそらく、飛行第103戦隊の一人で、東条戦隊長とともに四式戦を引き取りにやってきたときのことであろう。

　このような悲喜交々、あるいは、感慨をこめて、四式戦「疾風」は、終戦とともにすべて消えていったのであるが、アメリカでテストされた一機が、一九六三年、ギャレット航空研究サービス社の手で分解組み立てられ、立派に飛行してみせた。その後、航空ショーなどに引っ張り出され、しばらくカリフォルニアのマローニー航空博物館に置いてあったが、海軍甲種飛行予科練習生出身のオーナー・パイロット後閑盛直氏が買い戻し、古巣、富士宇都宮工場に保管された。

昭和四十八年十月、航空自衛隊の木更津基地（千葉）で、二八年ぶりの里帰りお披露目飛行を行なったあと、各地の航空ショーに出場してかつての勇姿をしのばせていた。その後、航空博物館をいくつか巡り、現在九州の知覧特攻平和会館に、三式戦「飛燕」と仲よく展示されている。

日本の最高速機を独占した中島

さて、陸軍における制式機の最高速機は、時速六三〇キロをコンスタントに出していた三菱の一〇〇式司令部偵察機三型、および四型（四型は北京―福生間を二時間三〇分で結び、追い風ながら平均時速七〇〇キロを記録）で、四式戦「疾風」は、わずかの差で二番手となるが、アメリカにおける評価（時速六八九キロ）を考えれば、文句なく「疾風」をナンバーワンとしてよいであろう。

中島ではこのスピード実績を、海軍制式機にも広げていた。それは、昭和十九年春から就役した艦上偵察機「彩雲」（C6N1〜2）で、最大時速は六四〇キロに達し、戦闘機の「雷電」（三菱）、「紫電改」（川西）を問題にしなかった。戦後、アメリカで一〇〇オクタン以上

疾風と同じ誉エンジンを搭載した艦上偵察機彩雲

の燃料を使用してテストした結果、時速六九四・五キロをマークしたといわれる。

「彩雲」は、「疾風」と同じNK9K「誉」(陸軍名ハ45)エンジンを装備し、その小さい前面面積より胴体断面積を大きくしないで、エンジン・カウリングそのままの太さで胴体を構成したため、きわめてほっそりしたスマートなものとなったが、これが高速化の大きな要素となっている。

さらに、推力式単排気管(二七キロのスピードアップ)、油圧式親子ファウラー・フラップ、エルロン・フラップ(補助翼にフラップの役目をさせ、離着陸速度を低下させる)、層流翼型(厚翼ながら抵抗を増さない)、セミ・インテグラル燃料タンク(厚翼内に直接、燃料を注ぎこむ形式)、厚板構造(薄板による張殻構造でなく、厚板で強度を保つ構造。のちのジェット機構造と同じ)などを採用し、本格的艦上偵察機として、世界のトップをゆくものとなった。

しかし、「誉」エンジンの稼動率はやはり悪く、航空母艦も大部分を失って、内南洋の陸上基地からの発進に限られたので、活躍の場も減じてしまった。それでも戦闘機を寄せつけないスピードと五〇〇〇キロに及ぶ航続力によって、マーシャル、サイパン、ウルシー、メジュロなどの高々度（一万二〇〇〇メートル）隠密偵察を行なっている。とにかく、中島が、陸海軍制式機の最高速機を、いずれも独占していたのである。「彩雲」は合計三九八機が製作された。

日本初のジェット機「橘花」も

なお、中島で九七式艦上攻撃機以後、生産、あるいは試作完成した海軍機を列記しておこう。

艦上攻撃機「天山」（B6N1〜2）――九七艦攻の後継機。一二型は火星二五型・一八五〇馬力一基、最大時速四八〇キロ、八〇〇キロ魚雷一、乗員三。一二六八機製作。

夜間戦闘機「月光」（二式陸上偵察機、J1N1）――はじめ一三試双発陸上戦闘機として試作されたが、要求を満たせず、二式陸偵となり、さらに、後部胴体の斜前上方および下方三〇度に向けそれぞれ二〇ミリ砲二門を固定した、対B17爆撃機用の夜戦「月光」に転化された。この斜銃による第251空（ブーゲンビル）のB17迎撃と、第302空（厚木）のB29迎撃が有名である。栄二一型・一一三〇馬力二基、最大時速五〇五キロ。各型合計四七七機製作。

陸上爆撃機「銀河」（P1Y1）――空技廠で設計して中島が生産を担当した高速双発爆撃機。誉一一型・一八二〇馬力二基、最大時速五五五キロ、八〇〇キロ魚雷一、または二五〇キロ爆弾四、乗員三。一〇〇二機製作。

B29迎撃に期待をかけられた日本初のジェット戦闘機橘花

一八試局地戦闘機「天雷」（J5N1）――誉二一型・二〇〇〇馬力二基、最大時速六〇〇キロ、武装二〇ミリ砲二、三〇ミリ砲二、乗員一。六機製作。

一八試陸上攻撃機「連山」（G8N1）――B29に匹敵する四発長距離機。誉二四型・二〇〇〇馬力四基、最大時速五九五キロ、武装一三ミリ銃四、二〇ミリ砲六、爆弾最大四トン、乗員七。四機製作。

特殊攻撃機「橘花」――B29迎撃用として作られた日本初のジェット機でテスト中に一機墜落した。終戦当時、もう一機が完成間近にあった。ネ20軸流式ターボ・ジェット・エンジン＝推力四七五キロ＝二基、最大時速六九五キロ（一万メートル）、五〇〇～八〇〇キロ爆弾一、乗員一。陸軍向けジェット機のキ201戦闘攻撃機「火龍」は、製作半ばで終戦となった。

終戦とともに生産を停止

さて、中島飛行機は、終戦後どのような道をたどったのであろうか。

昭和二十年八月十六日、早くも富士産業株式会社と改称し、いっさいの航空事業と縁を切った。飛行機の生産は、昭和二十年四月一日から第一軍需省がすべて肩がわりして行なっていたので、改組はかくもスムーズにいったのである。

営業を休止していた中島飛行機の取締役社長・中島知久平（弟・喜代一が第一軍需省委員長となったので）も、直ちに辞任して八月二十二日、ふたたび乙未平が社長となった。

どこの軍需品生産会社もそうであったように、富士産業もナベ、カマをはじめとする民間家庭用品の製造に転換し、その後のスクーター、バスボディなど製作への足がかりをつくるが、かつての本拠、太田、小泉両工場が米軍に接収されたのは痛かった。そこで昔の分工場であった宇都宮を主工場として、きたるべき航空再開に備えることになる。

なお、中島知久平は、終戦処理の東久邇宮内閣に軍需大臣として入閣した（八月十七日）が、軍需省は八月二十六日廃止されたので同日新設された商工省の大臣にかわった。そのかたわら、強力な政党を組織することを目論み、町田忠治に呼びかけて工作しているうちに東久邇宮内閣が総辞職して、

「ＧＨＱ（連合軍総司令部）が中島を財閥に指定し、経済活動を封じるそうだ」

という情報がはいり、中島知久平の計画はお流れとなった。

しかし、旧中島系の議員と旧町田系の議員が集まって、日本進歩党が二十年十一月十六日に結成され、知久平の志は引きつがれた。

はじめは鳩山一郎の自由党より大きかったが、二十一年のパージに有力議員の多くがひっかかりしぼんでしまう。

戦犯容疑晴れてのち永眠す

情報どおり、二十年十一月六日、富士産業株式会社が財閥会社として解体を命じられ、さらに十二月二日、知久平は連合軍総司令部からA級戦犯容疑者に指定され逮捕令が出された。このとき彼は少しもあわてず、

「なに、戦犯？　おもしろいじゃないか」

といって笑っていたという。そして高血圧と腎臓不全を理由にがんとして巣鴨刑務所へは行かなかった。これは異例のことであって、総司令部が手をかえ品をかえて収容しようとしても拒否しつづけ、ついに「自宅拘禁」のまま通してしまったのである。

さすがのマッカーサー総司令官も驚いたとみえ、ジョセフ・キーナン主席検事を中島邸におもむかせて臨床尋問を行なわせている。約一年九ヵ月後の二十二年九月一日、中島知久平はついに戦犯容疑を解かれ、監禁生活から解放された。

しかしこの間、二十一年六月四日、個人資産の移動禁止と金融制限を無慈悲に受け、いわゆる竹の子生活を強いられた。もちろんこれは中島だけでなく、三井、岩崎、住友、川崎、松下など一三の財閥も同様だったのである。

知久平の戦犯容疑が晴れるひと月半ほど前、二十二年七月二十日に、片腕とたのむ弟・喜代一が病死して、彼のショックは大きかったが、それからちょうど二年後の昭和二十四年十月二十九日午後四時、知久平もまた脳出血のため自邸・泰山荘で永眠した。六十五歳だった。これから政党運動に花を咲かそうというときで、やはり戦中戦後の心労が死期を早めたので

あろう。

　岩手県水沢市の軍需工廠第二一製造廠、つまり、中島三鷹研究所の疎開地で終戦を迎えた小山悌廠長（研究所長）は、公職追放にかかり、やむをえず林業機械の研究試作に没頭していた。昭和二十七年、五十歳のとき、ようやく追放解除になると、すぐに富士重工の傍系会社として岩手富士産業株式会社を設立し、取締役に就任した。

「日本の国力回復の基は、まず山林の開発であると思ったのです。また、私自身、そうした仕事が好きだったこともあるのでしょうが……」

　という小山氏は、農林関係の東大学位論文を昭和三十七年に取得している。四十九年、中島時代より長い二〇年以上にわたる岩手富士産業を引退し、自適の生活を送ったのち、五十七年八月二十五日に逝去した。

「われわれの設計した飛行機で、亡くなった方もたくさんあることを思うと、いまさらキ27がよかったとかキ84がどうだったと書く気にはなりません」

　とひかえめに話していた。この感慨は飯野、青木、近藤ら各技師たちも同じで、国民の血を分けたかつての飛行機を、私物視してはならないという中島流の信念からであろう。

ふたたび航空機の生産はじめる

　昭和二十八年（一九五三年）、富士産業は富士重工業株式会社と改まって待望の航空機製作にのり出すことになり、アメリカのビーチクラフト社から初歩練習機メンター（T34）をライセンス生産することになった。これは三菱、川崎などが米軍機のオーバーホールからスタートしたのと違い、はじめからアメリカ式の生産管理、品質管理をとり入れ直接生産にはいったので、航空機工業体系をいち早く確立していた。

メンターは防衛庁に一四〇機納入されたほか、フィリピン空軍へも若干機輸出された。このメンターを改造したLM連絡機も、防衛庁に二七機を納入、さらに三十年から中間ジェット練習機T1Aを開発、三十三年五月、初飛行に成功した。これは基礎設計から完成まですべて日本人だけの手でやりとげた国産ジェット機で、T1Bはジェット・エンジンも純国産の石川島J3IHI3（推力一二〇〇キロ）を用いている。中島は終戦前、日本最初のジェット機「橘花」をともかく飛ばせ、後身の富士も戦後初のジェット機T1Aを送り出して、日本の国産ジェット機に関しては完全なリーダーシップをとったわけである（T1A、Bは合計六四機を生産）。

また、昭和三十四年からは、日本航空機製造株式会社の構成会社の一員として、多くの経験技術者を同社に送り込み、国産ジェット機YS11の試作に参加、その生産には機体の一部製作を分担した。

「疾風」の性能受け継ぐ軽飛行機

しかし、もっとも力が入れられたのは、スポーツ、練習用の富士FA200「エアロスバル」で、これこそ中島飛行機いらいの伝統を誇る富士重工が、独自に開発した軽戦闘機的な軽飛行機である。スポーツ、練習用の軽飛行機ではアメリカのセスナ、パイパー、ビーチの三大メーカーがあり、国際市場進出は困難かと思われたが、富士重工には自信があった。

「かつてのキ27からキ84にいたる戦闘機づくりの腕を生かして、アクロバット飛行を完全にできるユニークなスポーツ機としよう」

と張り切り、昭和三十九年（一九六四年）から設計に着手し、翌四十年八月十二日には初飛行させてしまった。

「やはりかつての中島の味が出ている。舵は軽いし運動性は抜群だ」

「四式戦の弟分としてりっぱなものだ」

という評価は、日本ばかりでなく世界中から聞かれて、日本国内に約一〇〇機、西ドイツ、イギリス、オーストラリアなどへ約二〇〇機輸出され、三〇〇機以上生産された。

富士ＦＡ200エアロスバル軽飛行機

これにつづくＦＡ300は、双発のビジネスプレーンで、アメリカのロックウェル・インターナショナル社と共同で開発していたが（アメリカ名・コマンダー700）、昭和五十年十月に初飛行を行なった。しかしロック

富士T34メンター初等練習機

ウェル社がB1爆撃機のもたつきや、他のビジネスプレーンとの競合でわずか四七機の生産で終了し、好調の三菱MU2マーキーズ/ソテリアと明暗を分けてしまった。

これより前、初歩練習機T34メンターの改良型、T3（レシプロ）が昭和四十九年に完成、同年九月に初飛行した。これを海上自衛隊向けにターボプロップ化したT5も、六十三年四月に初飛行し、それぞれ四八機、三五機を納入している。

国際協力開発につぎつぎと参画

ボーイング社との提携もはじまり、昭和五十三年、767型の事業契約を結んだあと、平成三年（一九九一年）には777型の協同開発に調印し、中央翼の分担製作を行ない、その初号機が平成八年三月に出荷された。

アメリカのレイセオン社が、同社最大のビジネス・ジェット機ホーカー・ホライゾン（乗客一二名）の計画をはじめると、平成八年、その開発に参画して主翼（燃料タンクや主翼前縁の防氷装置を含む）の製造を担当、平成十三年夏の初飛行に成功させている。

また、平成十二年、ベル／アグスタ社のティルト・ローター機（推力変向式VTOL）BA609（軍用V22オスプレイの小型化民間ビジネス機）への参画契約を締結、胴体製作を行なう。

航空自衛隊のT3初等練習機は三〇年近くたって老朽化してきた。すでに海上自衛隊向けにT3をターボプロップ化したT5で訓練してきたが、空自でもそれと同じ路線でT7とし、平成十四年、初飛行させて四七機を調達の予定である。それにしてもT3、5、7とT34メンターからスタイルはあまり変わっておらず、原型機の生命力の強さに驚く。

富士T7航空自衛隊初等練習機

平成十四年、航空宇宙カンパニー制を導入して、ヨーロッパ・エアバス社の超大型旅客機A380（最大八〇〇人乗り）のプログラムに参画、垂直尾翼の前縁、後縁構造などの生産契約を結んでいる。さらに十七年、ボーイングの次世代旅客機787型の開発、量産事業へのプログラムにも参画し、中央翼などを製作する契約に調印した。

平成十三年に始まった次期固定翼哨戒機P－X（海上自衛隊）および次期戦術輸送機C－X（航空自衛隊）は、平成十九年夏ごろ飛行試験用一号機がそれぞれ完成し、初飛行する予定だが、川崎重工、三菱重工、日本飛行機とともに富士重工は両機の主翼と垂直尾翼の開発設計・製造を担当している。いずれも現用のものより航続距離、速度、高度すべてに優れ、操縦システムもフライバイワイヤとなっており、今後二〇年間の就役が期待される。

回転翼機部門でも昭和三十八年の富士ベルUH1Bタービン・ヘリコプター以来、五十九年の対戦車ヘリAH1Sの国産化、最新攻撃ヘリAH64Dアパッチのライセンス国産化（平成十八年三月、初号機納入）など、今後の国産ヘリ開発に向けての素地を築きつつある。

今や資本金一五三八億円の富士重工業中、航空宇宙カンパニーはその六・三パーセントを占め、宇都宮製作所・半田工場で操業しているが、これから航空産業の発展とともに、その規模をまた大きくするであろう。

かつて輝いた四式戦「疾風」の精神は、脈々として受け継がれている。

あとがき

第二次大戦における戦闘機の最高傑作が、アメリカのノースアメリカンP51「ムスタング」であることは、だれもが認めるところである。時速七〇〇キロを超えるスピードと三〇〇〇キロの航続力、そして低、中、高々度どこでもござれの空戦性能は、ドイツのＭｅ109、Ｆｗ190、日本の「零戦」、「隼」もほとほと手を焼いた。

もちろん戦闘機の力が、パイロットによって左右されることは大きく、Ｐ51には新顔、「零戦」にはベテランが乗った場合、後者の勝利に終わることもしばしばだったが、あらゆる角度からみて総合的にすぐれたこのＰ51が、非常に恐れ、損害も受けた敵戦闘機といえば、日本陸軍の四式戦「疾風」であった。

さらに「疾風」が〝太平洋戦争でもっとも傑出した日本戦闘機〟とアメリカ、イギリスから等しく賛辞を受けたのも、九七戦、「隼」など陸軍戦闘機づくりに情熱を燃やした中島飛行機の技術が認められたからにほかならない。しかし小山悌技師長以下の設計者たちは、自らの功をほとんど発表しないし弁明もしない。これは他のメーカーとは大きく異なるところで、創立者・中島知久平の気風を正しく受け継いでいるといえよう。

　筆者はここに注目して、「疾風」を単なる戦記ものとしてではなく、中島飛行機の黙々とした努力の結晶としてスポットを当てることにつとめた。あるいはその目的を十分に果たすことができなかったかもしれないが、戦時中、日本の発揮したこの技術者魂と操縦者の闘魂の一端を知っていただければ幸いである。

【参考文献】渡部一英「巨人・中島知久平」鳳文書林＊「川西竜三追懐録」新明和工業＊陸軍飛行戦隊史「蒼空萬里」鈴木正一編・同刊行委員会＊軍用機メカ・シリーズ⑦「疾風／九七重爆／二式大艇」光人社＊「大東亜戦争公刊戦史」朝雲新聞社＊「日本軍用機の全貌」航空情報編・酣燈社＊「日本陸軍戦闘機隊」航空情報編集部・酣燈社＊「日本航空機総集・中島編」野沢正編・出版協同社＊富士重工業株式会社広報資料＊William Green "Famous Fighters of the Second World War" ＊AIR Enthusiast 1973 MAY／1975 JULY／1976 JANUARY／NUMBER SIX

【写真協力】今川一策、金木工、深牧安生、村岡英夫、穴吹智、代永兵衛、刈谷正意、若松幸禧ご遺族、小山悌、富士重工業株式会社、潮書房・光人社（敬称略、順不同）

【飛行機図版】鈴木幸雄・橋本喜久男

　本書は昭和五十年十月、サンケイ出版社刊「疾風」に加筆、訂正しました。

NF文庫

不滅の戦闘機 疾風

二〇一四年三月 十六 日 新装版印刷
二〇一四年三月二十二日 新装版発行

著 者 鈴木五郎
発行者 高城直一
発行所 株式会社 潮書房光人社
〒102-0073 東京都千代田区九段北一-九-十一
振替／〇〇一七〇-六-五四六九三
電話／〇三-三二六五-一八六四㈹
印刷所 モリモト印刷株式会社
製本所 東 京 美 術 紙 工

ISBN978-4-7698-2523-4 C0195
http://www.kojinsha.co.jp

NF文庫

刊行のことば

第二次世界大戦の戦火が熄《や》んで五〇年——その間、小社は夥しい数の戦争の記録を渉猟し、発掘し、常に公正なる立場を貫いて書誌とし、大方の絶讃を博して今日に及ぶが、その源は、散華された世代への熱き思い入れであり、同時に、その記録を誌して平和の礎とし、後世に伝えんとするにある。

小社の出版物は、戦記、伝記、文学、エッセイ、写真集、その他、すでに一、〇〇〇点を越え、加えて戦後五〇年になんなんとするを契機として、「光人社NF（ノンフィクション）文庫」を創刊して、読者諸賢の熱烈要望におこたえする次第である。人生のバイブルとして、心弱きときの活性の糧《かて》として、散華の世代からの感動の肉声に、あなたもぜひ、耳を傾けて下さい。

＊潮書房光人社が贈る勇気と感動を伝える人生のバイブル＊

ＮＦ文庫

西方電撃戦 タンクバトルＩ
齋木伸生
激闘〝戦車戦〟の全てを解き明かす。創世期から第二次大戦まで、年代順に分かりやすく描く戦闘詳報。イラスト・写真多数収載。

伝承 零戦空戦記2 ソロモンから天王山の闘いまで
秋本 実 編
搭乗員の墓場と呼ばれた戦場から絶対国防圏を巡る戦い、押し寄せる敵機動部隊との対決――パイロットたちが語る激戦の日々。

英雄なき島 硫黄島戦生き残り 元海軍中尉の証言
久山 忍
戦場に立ったものでなければ分からない真実がある。空前絶後の激戦場を生きぬいた海軍中尉がありのままの硫黄島体験を語る。

第二次日露戦争 失われた国土を取りもどす戦い
中村秀樹
経済危機と民族紛争を抱えたロシアは〝北海道〟に侵攻した！ 自衛隊は単独で勝てるのか？『尖閣諸島沖海戦』につづく第二弾。

日本軍艦ハンドブック 連合艦隊大事典
雑誌「丸」編集部
日本海軍主要艦艇四〇〇隻（七〇型）のプロフィール――艦歴戦歴・要目が一目で分かる決定版。写真図版二〇〇点で紹介する。

海軍かじとり物語 操舵員の海戦記
小板橋孝策
砲弾唸る戦いの海、死線彷徨のシケの海、死んでも舵輪は離しません――一身一艦の命運を両手に握った操舵員のすべてを綴る。